多目标约束下的梅里雪山国家公园功能分区研究

杨子江　著

U0296407

科学出版社

北京

内 容 简 介

国外国家公园一百多年的管理实践已经证明，功能分区是实现国家公园管理目标的核心手段，是其战略与具体运营计划的关键衔接点。基于运筹学中的多准则决策理论与方法，遵循国际管理思路，结合本地实际，本书对梅里雪山国家公园管理目标体系的设定、功能分区方法的设计、分区后的管理三个方面的内容展开理论结合实证的研究，探索并尝试国家公园功能分区由理论认知向综合决策、由单要素向全要素、由一般定量向综合集成的转变。本书在理论上是探索中国特色国家公园建设理论与方法的有益尝试，在实践上为我国国家公园的规划、建设和管理提供具体的理论指导、方法支撑和实证范例。

本书可供高校相关专业的教学人员、研究生和本科生以及相关规划设计机构与从业人员阅读和参考。

图书在版编目(CIP)数据

多目标约束下的梅里雪山国家公园功能分区研究/杨子江著.—北京:科学出版社, 2016.11

ISBN 978-7-03-050146-2

Ⅰ.①多… Ⅱ.①杨… Ⅲ.①雪山-国家公园-环境功能分区-研究-德钦县 Ⅳ.①X321.274.401

中国版本图书馆 CIP 数据核字 (2016) 第 243646 号

责任编辑：张　展　孟　锐 / 责任校对：孟　锐
责任印制：余少力 / 封面设计：墨创文化

科 学 出 版 社 出版

北京东黄城根北街16号
邮政编码：100717
http://www.sciencep.com

成都锦瑞印刷有限责任公司印刷
科学出版社发行　各地新华书店经销

*

2016 年 11 月第　一　版　开本：B5 (720×1000)
2016 年 11 月第一次印刷　印张：10.5
字数：210 千字

定价：69.00 元
(如有印装质量问题，我社负责调换)

　　本书是国家自然科学基金项目"面向多目标协调可持续发展的滇西北国家公园新型保护地模式功能区划研究"（项目编号：41261105）的部分研究成果，课题主持人杨子江（云南大学）。

前　　言

国家公园是一种被全球验证能有效实现保护与发展和谐的保护地管理模式。2013 年 11 月，中国共产党第十八届中央委员会第三次全体会议通过了《中共中央关于全面深化改革若干重大问题的决定》，俗称《中央全面深化改革决定 60 条》。其中，在第 52 条划定生态保护红线中明确提出"坚定不移实施主体功能区制度，建立国土空间开发保护制度，严格按照主体功能区定位推动发展，建立国家公园体制"。国家公园的核心价值理念是既要保护自然，又要满足人的需要，通过保护与发展的结合，极大地促进生物多样性的保护，带动国际旅游业和国民经济的发展。梅里雪山国家公园位于滇西北"三江并流"世界遗产地的核心腹地，地区生态系统极端重要和脆弱，自然和人文美景举世罕见，社区众多且极度贫穷，如何有效实现保护当地的自然环境、生物多样性和文化多样性，同时又为公众提供高品质欣赏当地自然和历史文化景观的机会，并最终促成非消耗型产业经济结构的形成，繁荣地方经济，满足当地老百姓发展需求等多重目标，是本书的根本出发点。

功能分区是一切国家公园管理计划必不可少的一部分，其主要目的是通过划定和测绘国家公园内不同的保护和利用水平，来分隔有潜在冲突性的人为活动。作为实现国家公园管理目标的一个关键性工具，功能分区能有效缓解国家公园不同使用者（利益群体）在同一空间中的利益争夺，并最大可能地保护国家公园原有自然环境不受侵害。

本书是在我的博士学位论文基础上拓展完成的。主要研究内容包含三个方面：①参照国际惯例，结合本地实际，按照分类设置的思路，提出了我国国家公园管理目标设定的基本逻辑框架，并基于对梅里雪山国家公园价值及面临威胁的深入分析和评估，构建出梅里雪山国家公园管理目标体系；②尝试把运筹学中的多目标决策方法和多属性决策方法引入国家公园功能分区方法设计中，融合地理信息系统（GIS）技术，提出"基于多准则决策的国家公园功能分区方法"，并使用该方法完成梅里雪山国家公园功能分区方案的设计和优选；③针对构建的梅里雪山国家公园管理目标体系，对公园分区后管理的内容进行分类研究，提出了公园分区管理政策及指标监测体系，并根据不同分区允许的保护和利用水平，明确定量指标标准。本书在理论上是探索中国特色国家公园建设理论的有益尝试；在方法上将丰富和完善国家公园功能分区方法研究；在实践上将为我国国家公园的规划、建设和管理提供具体的理论指导、方法支撑和实证范例。

特别感谢多年来提供帮助的各位老师、同事、朋友和家人。感谢我的博士研究生导师杨桂华教授，先生慈父般的关怀和鼓励给予了我莫大的信心；严谨的治学态度、渊博精深的知识、精辟深邃的思想以及宽厚待人的大家风范都深深地影响着我，使我终生受益。感谢我在美国北德州大学（University of North Texas）访学期间的导师董品亮教授，董先生与人为善的品德、勤勉的作风和良好的大局感使我受益匪浅。感谢云南大学商旅学院的田里、吕宛青、罗明义、雷晓明、邓永进、陶犁等诸位教授，有幸聆听他们的课程或讲座，或者有机会直接向他们请教，都不同程度地有益于我的学习与成长。一并感谢梅里雪山国家公园管理局白玛康珠局长、德钦县旅游局扎西吾堆局长、云南省林业厅国家公园管理办公室杨芳副处长、前美国大自然保护协会陈洁先生和马建忠先生、云南大学生态与环境学院的张志明副教授、云南方城规划设计有限责任公司的林雷规划师，为本书数据的收集和处理提供了直接的帮助。感谢师门陈飚、李鹏、张一群、刘相军、冯艳滨提出的宝贵意见。感谢我的研究生韩伟超为校对和完善书稿付出的辛勤努力。感谢我的研究生韩伟超、朱勇、罗响、王景钊、王斐、王雅金和樊雪莹为校对和完善书稿付出的辛勤努力。

本书暂告一段落后，仍有许多待解决问题需要深入开展新的研究。愿自己今后仍保持饱满的热忱与求真的精神，在学术研究的道路上，走得更远，悟得更深。也愿所有亲人朋友、知交故旧、同事平安健康。

杨子江

于春城之翠湖

2016 年 4 月 24 日

目　录

第1章 绪 论

本章是全书的开篇，也是整个研究的基础，主要是解决整个研究的五个基本问题：其一，阐述选题的研究背景；其二，梳理相关的文献，清晰进一步研究的方向；其三，分析研究基础，说明该问题研究的可能性；其四，综述研究目的和意义，论证该问题的研究意义；其五，确定研究方案，明确研究如何开展。

1.1 研 究 背 景

1.1.1 云南探索国家公园保护地模式的历程回顾

1872 年，世界上第一个国家公园——黄石国家公园(Yellowstone National Park)在美国成立。此后 100 多年，国家公园以其"使人民得益、供人民享受"的民主公益思想，成为全球最为推崇的保护地类型之一。截止到 2003 年，全世界国家公园与保护区数量已发展到 102 102 个，总面积达 1876 万 km^2，占全球面积的 12%，其中国家公园有 3881 个，占保护区总面积的 23.6%，是所有保护地类型中保护面积最大的一类(IUCN/UNEP，2003)。

为了保护、展示和合理利用云南世界级自然、文化遗产，探寻一条自然保护与经济发展双赢的可持续发展道路，云南省人民政府顺应全球保护事业的发展潮流，于 1998 年 6 月，与全球最大的环保非政府组织 "大自然保护协会"(The Nature Conservancy，TNC)签署了《滇西北大河流域国家公园项目建设合作备忘录》，拉开了云南探索"国家公园"保护地模式的大幕。

1999 年 2 月，云南省计划委员会拟定了有关滇西北地区保护与发展(含国家公园)规划研究的项目可行性报告，云南省人民政府也于当月颁布了《关于开展滇西北地区保护与发展工作规划的通知》，同年 4 月，"滇西北地区保护与发展(含国家公园)规划"国际研讨会在丽江召开。一系列的文件和会议为滇西北国家公园建设的初期理论探索指明了方向，确立了目标和框架，并为后续研究提供了很好的指导思想和基础条件(段森华等，2000)。

1999 年年底，由中国科学院院士、工程院院士吴良镛主持，清华大学人居环境研究中心、云南省社会发展促进会共同完成了《滇西北人居环境(含国家公园)可持续发展规划研究》。该项目取得了丰硕的研究成果，确定了滇西北可持续发展的基本思路，提出了建立滇西北国家公园体系的初步意见和建议（吴良镛，2000），为滇西北国家公园的实施操作打下了良好的理论基础。

经过初期的理论探索，2003年，滇西北国家公园试点建设工作进入紧张的筹备阶段，时任迪庆州委副书记、副州长的清华大学史宗恺教授，开始全面负责筹建香格里拉普达措国家公园的具体准备工作。2004年，迪庆州政府在太平洋经济合作理事会（PECC）第二届生态旅游论坛召开前的新闻发布会上，向全世界宣布"将把迪庆香格里拉建设成中国最好的国家公园"（史宗恺，2008）。同年，在大自然保护协会的资助下，迪庆州、省政府研究室与西南林学院合作，组织开展了"碧塔海——属都湖"高原湖泊、高山草甸新型保护管理模式的研究。2006年6月21日，云南省迪庆藏族自治州香格里拉普达措国家公园揭牌成立，成为国内第一个正式挂牌的国家公园。同年8月1日，香格里拉普达措国家公园，向公众揭开了其神秘面纱开始试运营。到2007年5月30日，国家公园接待游客60.1万人次，旅游收入4870万元，比上年同期增长600%，为社区村民提供了直接就业岗位300多个（张议橙等，2007），产生了良好的社会效益、生态效益和经济效益，探索出了一条保护与发展并重、人与自然和谐的可持续发展之路（简光华等，2007）。

2007年3月，云南省省长秦光荣在云南省第十届人民代表大会第五次会议上的政府工作报告中提出，正确处理经济建设与环境保护的关系，积极推进普达措国家公园建设，继续加强自然保护区管理和生物多样性保护，探索建立"国家公园"等新型生态保护模式。以此为基础，云南省政府研究室提出了在云南滇西北地区建立三个国家公园的构想，一是香格里拉国家公园，包括了香格里拉国家公园——普达措、香格里拉国家公园——梅里雪山、香格里拉国家公园——大峡谷等；二是老君山国家公园；三是怒江大峡谷国家公园。2008年2月，《云南省人民政府关于加强滇西北生物多样性保护的若干意见》再次充分肯定了统筹兼顾保护与开发的香格里拉普达措国家公园模式，并正式把国家公园并列为与自然保护区、风景名胜区同等地位的保护地类型。

云南对国家公园新型保护地模式的探索与实践，在国内外产生了重大而深远的影响，引起国家相关部委的高度重视。2008年7月，国家林业局正式批准云南省为首个国家公园建设试点省，要求云南省以具备条件的自然保护区为依托，遵循保护优先，合理利用的原则，在保护好生物多样性和自然景观的基础上，更全面地发挥自然保护地的生态保护、经济发展和社会服务功能，探索出具有中国特色的国家公园建设和发展道路（国家林业局，2008）。2008年10月，国家环境保护部和国家旅游局批准建设第一个国家公园试点单位——黑龙江汤旺河国家公园。经过10年自下而上的不懈努力和推动，"国家公园"新型保护地模式终于获得了国家行政主管部门的认可，正式浮出水面。

随后，云南的国家公园探索步入了加快推进阶段。2009 年 2 月，云南省政府成立了第一届国家公园专家委员会，国家公园建设科学决策的咨询机制形成。同时，丽江老君山、西双版纳和梅里雪山国家公园总体规划获得省政府批准。国家公园从理念引进和理论研究，进入建设和推广。2009 年 11 月，《国家公园基本条件》《国家公园资源调查与评价技术规程》《国家公园总体规划技术规程》《国家公园建设规范》等 4 项国家公园地方推荐性标准由云南省质量技术监督局发布，国家公园基本条件、资源调查与评价、总体规划编制和建设等技术要求得到规范。2009 年 12 月，《云南省人民政府关于推进国家公园建设试点工作的意见》和《云南省国家公园发展规划纲要（2009—2020 年）》出台，提出了指导和推进国家公园建设工作的各项具体要求和指标。云南省人民政府要求将国家公园建设成为保护生物多样性、森林景观、湿地景观资源和民族文化资源的典范，建设成为向公众提供休闲观光和体验自然的最佳场所。实现对具有国家代表性的生物、地理和人文资源及景观的科学保护和开发。

2010 年 3 月 1 日，四项国家公园地方系列标准开始实施，标志着云南省率先实行了全省性的统一的国家公园技术标准。2011 年 3 月 29 日，南滚河国家公园系列申报项目通过云南省国家公园专家委员会评审；2011 年 5 月 25 日，云南省人民政府以云政复[2011]56 号文件对建立南滚河国家公园进行了批复；2011 年 10 月 25 日，《南滚河国家公园总体规划》顺利通过评审。2011 年 10 月 24 日，大围山国家公园申报项目取得云南省人民政府关于同意建立大围山国家公园的批复；2012 年 5 月 30 日，《大围山国家公园总体规划》顺利通过评审，并于 2013 年 3 月 24 日取得云南省人民政府批复。至 2013 年年底，云南建成普达措、丽江老君山、梅里雪山、西双版纳等 8 个国家公园。经评估，8 个国家公园森林生态服务功能价值为每年 797.30 亿元。其中正式开放的 4 个国家公园，截至 2012 年的数据显示，旅游收入总计达 16.73 亿元。国家公园保护、科研、教育、游憩和社区发展等 5 大功能正在逐步得到体现。

2014 年 1 月 1 日，《云南省迪庆藏族自治州香格里拉普达措国家公园保护管理条例》开始实施。随着条例的实施，国家公园体制初步在云南建立。2014 年 3 月，国家林业局赵树丛局长对云南省国家公园建设试点进行了专题调研，对云南省所做的工作给予了高度评价，认为云南省国家公园建设试点领导重视、方向正确、措施扎实、成效显著。

2015 年 1 月，云南省人民政府成立了第二届云南省国家公园专家委员会，持续建立全省国家公园科学决策机制。同年 6 月，云南等 9 省市被我国选定开展国家公园体制试点，试点时间为 3 年。同时，国家发展改革委和美国保尔森基金会签署《关于中国国家公园体制建设合作的框架协议》，启动为期 3 年的中国国家公园体制建设合作。根据协议，国家发展改革委将与美国保尔森基金会在国家公园试点技术指南、美国等国家的国家公园案例研究、试点地区国家公园管理体制和政策实证研究、国家公园与保护地体系研究以及机构能力建设等方面开展具体合作。随后，11 月 26 日，云南省第十二届人民代表大会常务委员会第二十二次会议通过《云南省国家公园管理条例》。

2016 年 1 月 1 日，云南省人大常委会通过的《云南省国家公园管理条例》开始施行，这是全国第一部规范国家公园管理的省级地方性法规。2016 年 4 月，云南省人民政府批准设立白马雪山、大山包、楚雄哀牢山等 3 个国家公园。3 个国家公园的设立，将使得迪庆、昭通、楚雄 3 州市的自然资源和人文资源得到更好的保护与展示，为当地的旅游、文化、经济发展带来重大契机。随后的 5 月份，云南省又批复建立独龙江、怒江大峡谷两个国家公园，至此，云南经省政府批准设立的国家公园数量达到 13 个。

云南省作为我国国家公园实践的先行省，自 2006 年第一个国家公园——普达措国家公园建立以来到如今设立 13 个国家公园，经历了近 10 年的发展历程。这 10 年来，云南省在全国先行先试国家公园模式，找到了一条生态环境保护与发展的和谐之路，也为全国建立国家公园体制提供了宝贵经验。

1.1.2　云南探索国家公园式的重大意义

云南探索"国家公园"保护地模式，有以下两方面的重大意义。

1）在我国西部生态脆弱区探寻一条自然保护与经济发展双赢的可持续发展道路

我国以往保护地的管理实践已经证明，单纯封闭式的保护模式或与保护目标脱节的发展模式，都是不可取的。而国家公园的核心价值理念正是既要保护自然，又要满足人的需要，是目前世界上公认的解决自然保护与经济发展之间矛盾的最好模式之一，是自然资源禀赋最高、旅游体验最佳、保护与发展关系处理得最好的地理空间。国家公园能够以较小的面积为公众提供欣赏当地自然和历史文化景观的机会，又能促进非消耗型产业经济结构的形成，繁荣地方经济、满足当地老百姓发展的需要，并使大面积自然环境、生物多样性和文化多样性得到有效保护，实现人与自然和谐共处以及可持续发展(叶文，2008)。从全球经验来看，许多世界著名的处于自然状态的重要地区，都是通过设立国家公园的形式，进入了政府保护和发展的范围；通过保护与发展的结合，极大地促进了生物多样性的保护，带动了国际旅游业和国民经济的发展，成功地从规划和管理技术层面上解决了许多著名保护地旅游发展与资源环境保护的矛盾，做到了资源的持续利用(杨宇明，2008)。我国西部，特别是像滇西北这样旅游资源品位极高、生物多样性保护意义特别重大、生态环境十分脆弱、社会经济又急待发展的区域，国家公园保护地模式无疑将会是解决保护与发展矛盾的最佳模式之一。

2)探索"国家公园"保护地模式可以丰富和完善我国现有的保护地体系，创新保护地管理体制

从性质看，尽管 1994 年国家建设部发布的《中国风景名胜区形势与展望》绿皮书中提到，中国风景名胜区与国际上的国家公园(national park)相对应，但国内很多学者对此持有异议(王智等，2004)。实际上，我国风景名胜区与国际上的国家公园相比，的确有很多不同的内涵和特点。例如，国外国家公园的定义中强调未经人类开采、聚居或建设，而我国风景名胜区则往往不仅要自然风光优美，而且历史遗存要众多，文化底蕴要深厚，要能集中体现中国传统文化的精华。此外，我国风景名胜区在资金机制、管理体制、功能结构、土地使用等方面，也与国际惯例存在较大差异，并不完全符合国际上国家公园的定义与标准(陈勇，2006)。因此，严格来说，我国大陆并没有真正意义上符合国际定义和操作习惯的"国家公园"保护地类型。

从管理理念看，我国现有的保护地与国外国家公园也有显著差别。我国风景名胜区、森林公园、地质公园强调的是游览，对环境的保护相对较弱，在这些保护地中游览已难以体验到"荒野"这个现代人极为珍视的概念，更无法理解那些登山、攀岩、漂流、远足等追求刺激、寻求孤寂、挑战自我的种种体验对现代人的意义(单之蔷，2005)；我国自然保护区则过于强调保护，把保护自然和国民的休闲游览、资源开发等活动严格隔离开来。然而，国民有权欣赏自己国家内任何美丽和独特的自然景观，并非国民的休闲和观赏就会损害珍稀的自然，这在美国、加拿大等国国家公园一百多年的实践中已经得到证明。同时由于过分强调保护，使得在自然保护区广阔土地上的诸多生产、生活活动受到限制，在一定程度上制约了当地开发利用、发展经济的进程，从而导致自然保护区所在地保护与开发矛盾日益尖锐，不能适应我国国情(童志云，2008)。

此外，我国长期以来对自然资源的保护和管理主要是采取设立自然保护区、森林公园、风景名胜区、地质公园以及成立专项自然资源管理委员会或管理局的模式。这种模式虽然有明确的管理部门，但实行的是"按行政区划分，专业部门指导"和"综合协调，多部门管理"的管理体系，既受管理委员会(管理局)的领导，又受各自业务主管部门的领导，没有明确和统一的规划和管理。从而出现管理重叠交叉、机构设置混乱、封闭保护、忽视社区利益等一些体制弊端(童志云，2008)。

国家公园是充分体现以人为本的保护模式，它不仅强调环境保护，同时更从满足人们日益增长的探索、认知自然和参观、体验美景的需求出发，大力提倡利用辖区自然资源，开展生态旅游和国民环境教育，实现环境保护与资源开发的良性互动。探索"国家公园"保护地模式无疑将会从内涵上丰富和完善我国现有的保护地体系，推动我国保护地管理理念和体制的变革与创新。

总而言之，云南在滇西北探索和实践"国家公园"新型保护地模式是云南省

政府和各界有识之士贯彻落实科学发展观、建设环境友好型社会、促进生态文明的具体体现。通过合理借鉴国外国家公园保护管理模式的成功经验,云南省希望在全国率先探索一条生物多样性丰富而脆弱地区保护与发展并重、人与自然和谐的可持续发展之路,创建一批既符合国际惯例又有中国特色的国家公园。

1.1.3 云南探索国家公园保护地模式需要全面的理论和方法创新

国家公园保护地模式在国际上已有 130 多年的历史,但对我国仍属新鲜事物。云南要探寻一条既符合国际惯例又有中国特色的国家公园建设与发展道路,就必须在合理借鉴国外国家公园成功经验的基础上,结合我国国情对国家公园的立法、规划、建设和管理等一系列重要内容,进行全方位的理论探索和方法创新。下面是截止到目前,云南省已经完成的一些主要的研究课题。在这些较为宏观的政策性或法规性研究课题的基础上,进一步对云南国家公园规划建设实践中面临的一些关键性的中、微观问题,进行更为深入、细化的理论和方法研究,无疑是研究者接下来需要完成的主要任务。

(1)云南省政府研究室,TNC(TNC 资助):滇西北国家公园建设可行性研究报告。

(2)云南省政府研究室,西南林学院,TNC(TNC 资助):滇西北国家公园建设与产业发展关系研究。

(3)西南林学院(省政府咨询项目):美国国家公园管理体制与我国自然保护区管理体制比较研究。

(4)云南省政府研究室主持:云南省国家公园立法可行性研究。

(5)TNC,云南省政府研究室[欧盟委员会(European Commission)、TNC 资助]:滇西北生物多样性保护与可持续发展新模式。

(6)云南省政府研究室主持:云南省国家公园管理条例。

(7)云南省政府研究室主持,玉龙县人民政府和人大:老君山国家公园管理条例。

(8)云南省政府研究室主持,迪庆州人民政府和人大:梅里雪山国家公园管理条例。

(9)云南省林业厅、云南省人民政府研究室:云南省国家公园发展战略研究,正在进行。该课题具体包含以下两项子课题。

①云南大学工商管理与旅游管理学院:云南国家公园准入标准。

②西南林业大学国家公园发展研究所:云南国家公园规划建设标准。

(10)云南省政府研究室主持,迪庆州人民政府和人大:普达措国家公园保护管理条例。

1.2　研究进展与评述

1.2.1　国家公园保护地模式在我国的研究进展

　　20 世纪八九十年代，国家公园概念开始介绍到国内(刘元，1998；董波，1996)，此后 20 年间，不同学者从不同角度对这经典的保护地模式进行了持续的探讨。以主题词"国家公园"为检索词，通过中国期刊网进行文献检索和收集，再根据需要进行筛选，截至 2014 年 12 月，相关文献共有 13854 篇。对检索结果进行统计、分类、整理后，有以下发现：早期的研究主要集中在对国外国家公园的基本概念、发展历程、管理体制、开发模式的成功经验进行介绍和总结等方面(杨锐，2003；李如生，2002；刘鸿雁，2001；何才华等，1992)。近年来随着研究的不断深入，学者对如何根据我国国情和现有保护地类型，合理借鉴国外国家公园的成功经验给予了更多理论思考(王连勇等，2014；田世政等，2011；官卫华等，2007；杨桂华等，2009；杨艳，2006；李如生，2005)。相关的专题研究，如游客管理(田世政等，2007；袁南果等，2005)、生态旅游(陈娟，2014；周珍等，2009；马有明等，2008)、社区管理(游勇，2013；王丽丽，2009)、规划管治(王欣歆等，2014；程绍文等，2009)等受到了重点关注。一些成熟的理论和方法，如公共经济学的理论与方法(马梅，2003b)、国际生态经济学(张金泉，2006)、新公共管理理论和极域管理工具(张倩等，2006)、供需理论等(周珍等，2009)也被应用于特定的研究选题，拓展了研究的理论深度。但总的来说，由于我国大陆地区没有建立起真正意义上的国家公园体系，上述研究难以做到理论与实践的完美结合。

　　近几年，伴随着云南对国家公园保护地模式探索与实践的不断深入，少量理论与实证紧密结合的研究开始出现。例如，张一群等(2012)、曾凤琴等(2008)、唐彩玲等(2007)以普达措国家公园为案例点对社区生态补偿问题、湿地的保护和利用关系、国家公园旅游解说系统的组成和构建提出自己的建议。程健(2008)则以丽江老君山国家公园总体规划为例，探讨了我国国家公园的概念、规划的理念和方法。而朱菲等(2008)则从 5 个方面总结了香格里拉大峡谷国家公园的建设目标。

1.2.2　国家公园功能分区方法研究进展

　　1)国外研究进展

　　1872 年，美国建立世界上第一个国家公园——黄石国家公园时，并没有分区这一概念，之后为解决国家公园生物保护方面不断出现的问题， Wright 等 (1935；1933)经过长期研究提出了建立公园外围缓冲地带(buffer area)的想法，到 20 世纪 30 年代末，由公园核心区和由外围缓冲地带发展而来的缓冲区(buffer zone)构成公园最早的分区雏形(Shelford, 1941)。

对缓冲区功能的研究和细化成为公园分区发展的主要线索。MacKinnon 等 (1986)总结出缓冲区功能的细化有两个主要方向：其一，偏重于满足动植物栖息与保护的需要，称为"延伸缓冲"(extension buffering)；其二，偏重于满足旅游者或当地人需求，称为"社会缓冲"(socio-buffering)。1973 年美国景观规划设计师Forster在对国家公园进行深入调查分析后，认为有管理和引导的集中游憩，正好能够缓解游憩对环境造成的压力。因此，从社会缓冲的角度提出了由核心保护区、游憩缓冲区和密集游憩区构成的同心圆式分区模式(图 1-1)。在 Forster 提出的三区布局结构中，公园核心保护区受到严格保护，限制甚至禁止游客入内；游憩缓冲区规划建设野营、划船、越野、观景点等服务设施；密集游憩区则建设餐饮、住宿、购物或高密度的娱乐设施。著名旅游学家 Gunn(1994)在 Forster 研究的基础上，同时站在物种保护和游憩利用的角度，提出了由重点资源保护区、低利用荒野区、分散游憩区、密集游憩区和服务社区组成的五区划分模式 (图 1-2)。其中低利用荒野区就起到保护延伸缓冲的作用，而分散游憩区、密集游憩区和服务社区则发挥了社会缓冲的功能。由于 Gunn 的公园分区模式充分考虑物种保护和游憩利用对公园缓冲区的具体需求，具有普遍的适用性，因而得到广泛的认可并一直应用至今。

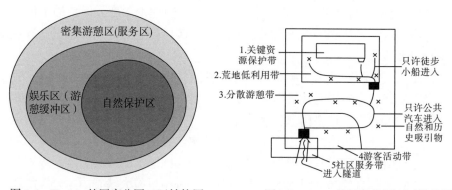

图 1-1　Forster 的国家公园三区结构图　　　　图 1-2　Gunn 的国家公园五区结构图

资料来源：图 1-1,Forster R R. Planning for man and nature in National Parks [R]. Morges, Switzerland: International Union of Conservation of Nature and Natural Resources,1973,（26）:1–85；图 1-2, 转引自陈兴中，方海川，汪明林. 旅游资源开发与规划[M]. 北京：科学出版社，2005.

经过近百年的发展，功能分区已经成为一切国家公园管理计划必不可少的一部分(Parks Canada, 1994)，是公园管理者缓解矛盾和实现有效管理的一个极为关键的规范性工具(Geneletti et al.，2008；Hjortsø et al.，2006；Walther, 1986)。从文献检索的结果看，国外国家公园功能分区设计或管理方面的研究论文大多数都是关于海洋国家公园的(Lunn et al.，2006；Crossman et al.，2005；Epstein et al.，2005；Fernández et al.，2005；Schleyer et al.，2005；Day, 2002；Caddy et al.，1999)。只有极少数的研究者关注了陆地国家公园的分区(Geneletti et al.，2008；Canova，2006；Hjortsø et al.，2006；Creachbaum et al.，1998)。

可接受改变的限度(limits of acceptable change, LAC)、游客体验和资源保护(visitor experience & resource protection，VERP)、游憩机会谱(recreation opportunity spectrum, ROS)是国外国家公园功能分区采用的三种基本分区理论框架和方法(见附录 1-1)。其中，ROS 的基本原理是从游憩体验的角度将所有的土地按物理、社会和管理等因素划分为不同的等级，满足不同人群的不同需求，其提供的是一种以游憩体验为导向的土地分区方法。LAC 理论试图从环境影响管理角度寻找游憩使用和人类影响间的平衡点，其提供的是一种以环境保护为主要目标的土地分级管理思路。VERP 方法是美国国家公园管理局在充分吸收了上述两种理论框架的优点后，提出的一种专门针对国家公园的分区方法。VERP 方法是目前美国国家公园总体管理规划(GMP)进行功能分区时采用的标准执行程序，该方法的突出亮点在于同时强调资源和游客体验质量的保护，并把土地分级管理的思想与土地利用分区融为一体。毫无疑问，VERP 方法对其他国家公园方法的设计无疑具有很强的借鉴意义。但需要补充的是，由于 VERP 方法仅关注了游客的行为，游客使用的程度、类型、时间和具体的使用地点对游客体验和公园资源造成的影响(NPS，1998)，因而对于那些存在大量非游客使用影响的国家公园，VERP 方法就必须加以改进和完善了。总的来说，上述三种国家公园功能的基本理论框架或方法更多的是提出了一种国家公园功能分区理念和思路，以及一些基本的原则和步骤，实际上并没有对理论框架或方法的具体实现技术进行阐述和安排。在实际运用中，定性的经验判断仍然是上述理论框架或方法实现的主要途径。

由于国家公园功能分区本质上具有的空间特性，如何实现其分区的定量化一直是一个巨大的挑战(Burkard，1984)。从目前国外研究的进展看，只有极少数的学者在这一领域进行了探索和尝试。Lin(2000)关注了地理信息系统中的信息流处理在我国台湾地区国家公园功能分区中的应用；Verdiell 等(2005)探讨了数学规划模型在保护地功能分区中的运用；del Carmen Sabatini 等(2007)尝试把启发式算法用于阿根廷 Talampaya 国家公园功能分区的设计中；Geneletti 等(2008)则把空间多标准和多目标分析评估方法综合运用于意大利 Paneveggio-Pale di S. Martino 国家公园的功能分区方案的设计研究中。

2)国内研究进展

如前面所述，我国大陆并没有严格意义的国家公园，与之最为接近的保护地类型是国家级自然保护和国家级风景名胜区（王智等，2004）。

我国自然保护区的功能分区采用《中华人民共和国自然保护区条例，1994》中的分区体系。该体系基本沿用了"人与生物圈保护区"的分区方式，将整个保护区划分成三个功能区，分别为核心区、缓冲区和实验区，同时还明确指出了各个分区内可以进行的人类活动。

我国风景名胜区分区的主要依据是《风景名胜区规划规范，1999》（GB50298—1999）中的相关规定。根据规定，我国风景名胜区需从不同的专业、不同的角度，对同一风景区域进行多层次的土地利用分区，如功能分区、景区分区、保护分区等。由于不同分区自成体系，难以协调和平衡，导致上述分区体系在风景名胜区总体规划中运用效果一直不佳。在近年来的实践中，受我国风景区用地类型复杂、旅游业及风景区自身经济发展要求强烈等因素制约，我国风景名胜区的功能分区，更多的是参照了城市规划中按功能需求对土地进行划分的方式，形成一种先功能分区，再景区划分的分区流程（图 1-3）。而这与国外国家公园按资源价值和受保护的程度进行公园划分的基本原则已经大相径庭了。

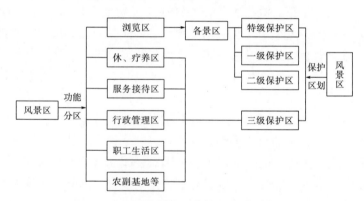

图 1-3　我国现行风景区土地使用分区流程图

资料来源：张松涛. 风景名胜区资源管理规划研究[D].上海：同济大学，2001.

除了分区体系本身存在不少问题外，缺少科学合理的分区方法也是导致我国许多自然保护区和风景名胜区没有做到科学、有效分区的重要原因（黄丽玲，2007；郑云峰，2004）。在中国期刊网上的检索结果显示，我国学者目前在保护地功能分区方面所做的研究工作也十分有限，相关文章寥寥无几。其中关于风景名胜区的分区，大部分研究者主要关注了景区的旅游功能，从游憩和玩赏的角度对景区功能分区进行了研究和探讨（周波，2013；黄丽玲，2007；唐军等，2005；陈斌，2002；郭建强等，2001）。相对而言，自然保护区分区的研究要稍多一些。但多集中于对保护区原有分区和新建自然保护区分区面临的问题提出建议和看法(李小双等，2012；汪洋，2008；徐守国等，2007；吴豪等，2001；翟惟东等，2000；史军义等，1998；周世强，1997)。

当然，也有少数学者对我国风景名胜区和自然保护区的分区方法进行了积极有益的探索，如李纪宏等(2006)基于景观生态学和保护生物学基本理论，构建了用于自然保护区的最小费用距离和栖息地适宜性评估分区模型。俞孔坚(1999)探索了景观安全格局方法在风景名胜区分区中的运用。黄丽玲(2007)则针对我国保护地的实际情况，提出了基于利益相关者的保护地分区方法。李道进等（2014）借助遥感和地理信息系统技术，运用景观生态学源-汇理论对安徽鹞落坪国家级自然保护区进行了功能分区。此外，张晋飚等(2007)将离散数学中的图论引入我国地质公园功能分区研究中；欧阳勋志等(2004)在森林景观分区中对主成分分析、模糊聚类法及星座图法的运用，应该说对我国自然保护区和风景名胜区的功能分区方法研究也提供了很有价值的参考。

1.2.3　研究进展评述

1)相关理论研究已滞后于实践的步伐

虽然在中国期刊网以"国家公园"为主题词检索到的论文并不少，但由于我国大陆一直以来，没有建立起真正意义上的国家公园体系，因此检索到的绝大多数研究都属于无的放矢，理论与实践联系性不强，难以直接指导云南国家公园的规划和建设。云南省作为国家公园的首个试点省，虽然已经根据实践要求展开一系列的研究工作，但研究内容还集中于政策、法规等宏观性问题，事实上已滞后于云南目前国家公园规划和建设的实践步伐，难以指导实践过程中一些关键性的中、微观问题的解决，如本书选题涉及的"国家公园功能分区"问题。

2)国内外现有分区理论框架或方法不适用于我国国家公园的功能分区

由于地广人稀、传统文明不发达，美国、加拿大等国的国家公园，无论是管理还是功能分区主要考虑的两个基本因素是"保护"和"游憩"(NPS,1998；IUCN,1994)，其发展起来的 LAC、VERP、ROS 等分区理论框架或方法，基本也是围绕着如何平衡上述两个因素展开的。我国的国情与美国、加拿大等国有根本不同。就云南几个试点国家公园而言，人地关系紧张、传统文明发达，公园内社区众多且急待发展的情况普遍存在，对国家公园进行管理或功能分区时，如果不把社区因素重点加以考虑，在理论和实践上都必然是行不通的。因此，国外现有的分区理论框架或方法，显然无法直接运用于我国国家公园功能分区。对我国风景名胜区、自然保护区而言，除了本质和内涵与国际国家公园存在明显差异，其分区模式和思路也存在固有的设计缺陷，因此也不宜在试点国家公园的功能分区中直接采用。

3)国家公园功能分区方法研究相对薄弱

从国内外文献检索结果看，虽然已有部分国内外学者从不同学科、不同视角对保护地功能分区的方法进行了有益的研究和探索，但与保护地功能分区的重要性相比，相关研究还是显得过于薄弱。而专门针对国家公园功能分区方法展开的研究，国外寥寥无几，国内更鲜有见到。综合运用多种学科理论和方法，采用空间或非空间的计算方法和技术，实现国家公园功能分区的定量化，提高分区方法的科学性和透明性，是当前国内外研究者重点努力的方向。

1.3 研究基础和可行性

本书以梅里雪山国家公园为案例点，对国家公园管理目标体系设定、功能分区的方法及管理进行研究，还基于以下几方面的考虑。

1.3.1 研究基础

本书是国家自然科学基金项目"面向多目标协调可持续发展的滇西北国家公园新型保护地模式功能区划研究"（41261105）的主要研究成果。是云南省自然科学基金项目"云南国家公园功能分区及游憩、社区管理研究"（2008ZC001M)重要的研究扩展。在数年研究期内，先后完成了与本书有关的硕士论文 3 篇《梅里雪山国家公园分区管理有效性评价研究》（朱勇，2014）、《梅里雪山国家公园游客安全风险评价研究》（徐之雄，2015）、《基于"文化线路"理念的梅里雪山转经线路价值特性分析及开发利用策略研究》（王景钊，2015），并已发表中英文论文 5 篇，为本书打下了扎实的研究基础。

1.3.2 工作基础

本书作者作为主要人员参与了《国家公园基本条件》（DB53T 298—2009）、《德钦县梅里雪山国家公园总体规划(2008)》《德钦县梅里雪山国家公园雨崩景区的修建性详细规划(2007)》《德钦县梅里雪山国家公园雾农顶景区修建性详细规划(2005)》《梅里雪山国家公园雨崩生态旅游区调研报告(2005)》《梅里雪山国家公园雨崩生态旅游区开发策划纲要(2005)》等政策和规划的制定和编写，积累了丰富和完善的资料和数据，奠定了良好的工作基础。

1.3.3 案例地的典型性

梅里雪山国家公园具有以下两个方面的典型特征，是探索有中国特色国家公园保护地模式的理想案例地。

(1)梅里雪山国家公园是"三江并流"世界自然遗产地和"三江并流"国家级风景名胜区的核心区，具有重大的生物多样性保护价值(Olson et al., 1998)、极高的科学研究价值和罕见自然美景与审美价值(世界遗产委员会，2005)，是"云南旅游资源皇冠上的明珠"(世界旅游组织，2001)，其资源品质与条件完全达到世界一流国家公园的水平。

(2)案例地是我国西部生态特别脆弱、自然保护和经济发展矛盾特别突出的典型代表性区域之一。原因有三：①梅里雪山国家公园所属的德钦县，一直以来就是国家级贫困县，1999年天然林禁伐后，过去主要依靠采伐林木为主的地方财政收入比禁伐前下降了近90%，地方经济更加困难，急待寻求新的发展出路；②梅里雪山国家公园内部社区众多，长期延续下来的落后生产方式和粗放发展模式，已对国家公园内宝贵的资源构成重大威胁和压力；③海拔高、气候冷凉、山高坡陡、土地贫瘠等因素，导致梅里地区生态植被恢复和演替过程非常缓慢，一旦破坏，极难恢复。

1.4 研究目的和意义

1.4.1 研究目的

通过本书的研究，拟达到以下两个目的。

1)为探索有中国特色的国家公园道路提供理论指导和实证范例

探索一条既符合国际惯例，又适合现阶段及未来一定时间内我国国民经济和社会发展阶段性和区域性特征；既能保护好生物多样性和自然景观，又能全面地发挥自然保护地的生态保护、经济发展和社会服务功能，具有中国特色的国家公园建设和发展道路，是研究的根本出发点。立足于此，本书将对国家公园保护地模式本土化必须面对和解决的3个重要问题，即"国家公园管理目标的设定""国家公园功能分区方法的设计""分区后的国家公园管理"进行理论结合实证的深入研究，并提出和设计相应的解决思路和方法，为探索与实践有中国特色的国家公园道路，提供具体的理论指导和实证范例。

2)进一步完善国家公园功能分区方法研究

国家公园的管理是基于功能分区的管理，功能分区是实现国家公园管理的目标，完成其使命的重要手段，国家公园功能分区的科学性和合理性无疑将对国家公园管理的成败构成重要影响，而分区方法正是决定国家公园功能分区科学性和合理性的直接因素。基于对国家公园功能分区本质特征及案例地实际情况的分析和认识，本书拟把运筹学中的多准则决策数学方法引入国家公园功能分区方法的设计中，并使其与基于地理信息系统(GIS)的土地性质评估方法相结合，提出一套具有一定普遍适用性的、定量的、能适用于我国的国家公园功能分区方法，从而进一步完善国家公园功能分区方法研究。

1.4.2　研究意义

研究具有的理论和现实意义如下。

1)理论意义

在理论层面上，研究提出的适于我国国情的国家公园管理目标体系设定原则和思路，设计的"基于多准则决策的国家公园功能分区方法"，以及对国家公园功能分区后管理内容、管理政策和管理指标监测体系的研究，对探索有中国特色的国家公园建设理论具有重要意义；在方法层面上，研究把多准则决策数学方法创新性地引入国家公园功能分区方法设计中，进一步完善了国家公园功能分区方法研究，具有一定方法学探索意义。

2)现实意义

研究具有的现实意义如下：推动我国现有的保护地体系与国际接轨，促进我国保护地管理体制创新；为云南探索中国特色的国家公园道路，提供理论指导、方法支撑和实证范例；研究可以直接用于梅里雪山国家公园的规划和建设，为缓解梅里地区环境保护与经济发展间的突出矛盾，提供具体的解决方案。

1.5　研　究　方　案

1.5.1　研究方法

1)多学科交叉研究

国家公园功能分区的本质是一个在多目标基础上对土地属性进行评估的决策问题(Geneletti et al., 2008)，其具体的表现形式是对地理空间的划分，涉及的内容包括自然和社区经济两大系统，因而相关的理论和方法研究必然是运筹学、管理学、生态学、社会学、地理学的综合。本书把运筹学、管理学、生态学、社会学、地理学中的有关理论和方法综合运用于特定地理、社会空间的分析和决策中，并采用定量化的空间和非空间的计算方法和技术，以期提高国家公园分区的科学性和透明性。

2)文献查阅与实地调查相结合的方法

在确定研究方向后，查阅并梳理大量国内外的相关文献资料，以了解相关研究进展情况和研究空白，最终确定选题。同时，为了获得第一手的资料，对研究区域进行多次实地调查和考察。

（1）从 2008 年 9 月起的五年多时间对梅里雪山雨崩、西单、明永、斯农村、飞来寺、雾农顶等社区的传统生计、收入状况、周边的资源环境变化进行多次调查和考察，其中对雨崩村和明永村的调查每年不少于一次。

（2）2009 年 1 月~2014 年 4 月间，六次对梅里雪山地区自然、文化景观进行考察，考察范围基本涵盖了研究区域海拔 1870~5301m 间所有主要景观类型。在考察过程中使用全球定位系统（GPS）对一些重要的地点和线路进行了记录，为研究提供一手数据支撑。

（3）2014 年 4~7 月对德钦县旅游业市场进行了调查，以掌握研究区域旅游市场发育状况和旅游者特征。

此外，在上述考察和调查过程中，与德钦县政府、梅里雪山国家公园管理局、德钦县旅游局和当地非政府组织的多次座谈与交流，也为本书提供了大量有价值的信息。

3)计算机辅助方法

（1）IDRISI。IDRISI 是集 GIS 和图像处理（image processing）功能于一体的软件。IDRISI 的地理信息功能可用于向量/点阵（raster/vector）转换、SQL 数据库查询、地图合成、可扩充模型、空间统计、决策支持、表面分析、与 GPS 整合影像；其影像处理功能可用于影像还原及增强、24 位影像、Bayesian 分类、模糊（fuzzy）分类、高等频谱（hyperspectral）分类、主成分分析（PCA）、傅里叶分析（Fourier analysis）、正确性评估。研究主要采用其决策支持、地图合成、模糊分类等功能完成研究区域单目标和多目标的适宜性评价及功能分区。

（2）MATLAB。MATLAB（MATrix LABoratory）是一种数学类科技应用软件，MATLAB 可以进行矩阵运算、绘制函数和数据、实现算法、创建用户界面、连接其他编程语言的程序等，主要应用于工程计算、控制设计、信号处理与通信、图像处理、信号检测、金融建模设计与分析等领域。本书主要用于多方案比选的矩阵运算。

（3）SPSS。社会科学统计软件包（statistical package for social science，SPSS）是一种用于统计学分析运算、数据挖掘、预测分析和决策支持任务的软件。本书主要用于对研究区域社区和旅游调查数据的统计分析。

（4）Fragstats。Fragstats 是基于分类图像的空间格局分析程序，广泛应用于景观生态学的研究中。本书主要用于计算不同分区方案的景观指数。

1.5.2   技术路线

　　本书的思维逻辑是以梅里雪山国家公园的功能分区问题为线索，分步骤展开理论结合实证的研究。本书的总体研究框架如图 1-4 所示。

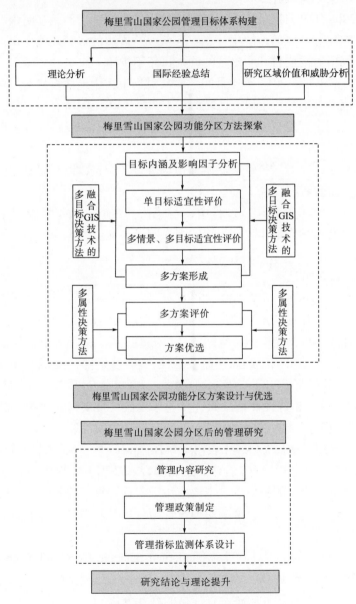

图 1-4   本书研究技术路线

凡未注明出处的图、表均为作者自己归纳整理或调查所得，以下同

1.5.3　研究内容

合理借鉴国外国家公园成功经验，有效克服我国现有保护地管理模式的不足，探索生态敏感和脆弱区保护与发展并重、人与自然和谐的可持续发展之路，既是云南探索国家公园保护地模式的基本思路与总体目标，也是本书研究的立足点。围绕着梅里雪山国家公园的功能分区问题，本书对其管理目标体系的设定、对功能分区方法的设计，以及分区后的管理等三个方面的内容，展开理论结合实证的深入研究(图 1-5)。

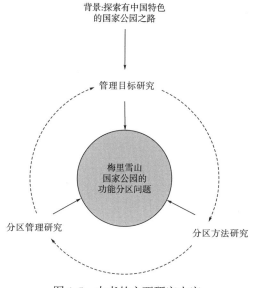

图 1-5　本书的主要研究内容

本书具体章节安排如下。

(1)绪论(第1章)。本章主要解决本书选题中的四个问题：①研究背景(说明问题的来源)；②研究进展及评述(说明该问题研究薄弱)；③研究的目的和意义(说明该问题有意义做)；④研究基础和可行性(说明该问题我能做)；⑤研究方案(说明该问题要怎么做)。

(2)梅里雪山国家公园管理目标的分析与设定(第 2 章)。本章主要解决如何设定既符合国际惯例，又能与我国国情相结合的国家公园管理目标体系的问题。通过国家公园管理目标设定的理论分析，总结国外公园管理目标设定的实践经验和 IUCN 对国家公园管理目标的相关界定，提出我国国家公园管理目标体系设定的一般性思路，并结合梅里雪山国家公园的具体情况，构建梅里雪山国家公园管理目标体系。

(3)梅里雪山国家公园功能分区方法研究(第 3 章)。本章主要探寻一种适合我国国情的、最有利于国家公园管理目标实现的国家公园功能分区方法。为实现这一目标，本章把融合 GIS 技术的多目标、多属性决策方法引入国家公园的功能分区方法设计中，构建了"基于多准则决策的国家公园功能分区方法"，并依据设计的方法完成了梅里雪山国家公园功能分区方案的设计和优选。

(4)梅里雪山国家公园功能分区管理研究(第 4 章)。本章主要是解决国家公园功能分区后如何管理的问题。围绕梅里雪山国家公园的总目标、三大基本目标及其子目标，本章分别从管理内容、管理政策和管理指标监测体系三个层次对梅里雪山国家公园分区后的管理进行探讨和研究，并针对最终优选出的梅里雪山国家公园功能分区方案，提出梅里雪山国家公园四大功能分区的具体管理政策和指标监测体系。

(5)结论与展望(第 5 章)。对全书内容进行概括和提炼。从管理目标设定、分区方法设计和分区管理研究三个方面，对全书的研究结论、创新点进行总结和概括，并提出值得进一步深入研究的问题。

第 2 章 梅里雪山国家公园管理目标的分析与设定

国家公园的管理是以目标为导向的管理，管理目标的设定不但会对整个国家公园的发展方向和管理成败产生重要影响，还将直接决定其所属的国际保护地类型(IUCN，1994)，因此，梅里雪山国家公园管理目标的设定无疑是一个至关重要的问题。基于对国家公园管理目标设定内在逻辑机理的一般性理论分析，对不同国家和地区国家公园管理目标设定实践经验的总结，以及 IUCN 对其二类保护地"国家公园"管理目标的界定，本章提出了一套既符合国际惯例，又能与我国国情相结合的国家公园管理目标体系设定思路，并在此基础上，结合梅里雪山国家公园的具体情况，构建出完整的梅里雪山国家公园管理目标体系。

2.1 国家公园管理目标设定的理论分析与经验总结

2.1.1 国家公园管理目标设定的理论分析

1. 基本概念阐述

目的(goal)是指建立国家公园所体现的广泛的社会意义，目标(object)是指为实现目的的一个更为清楚的表述(Eagles et al.，2005)。国外国家公园管理计划制订过程中通常会把其管理目标的设定分为远景展望和管理目标两个层次。

1)远景展望

近年来在国外国家公园管理计划制订的过程中，通常都会在明确国家公园建立目的的基础上，首先对其未来最理想的状态、阶段和面貌加以展望和描述。计划制订者希望通过这种对国家公园"长远目标"的描述，来对其管理方面期待或希望产生的实施成效提出前后一致的连续要求，并为其制定更为具体的管理目标提供一个努力的方向和重心。通常在对公园远景进行展望时，最重要的是，要提出具有一定高度的理想目标。根据 IUCN 的指导原则，无论对国家公园前景的展望采取什么样的措辞，它应该做到(Lee et al.，2005)：陈述在未来长时间内，按照计划所设定的目标，国家公园将成为何种状态，这一点会帮助人们理解期望中国家公园的状态、为什么设立这样的理想，以及理想的实现需要采取何种措施；

陈述在未来长时间内不会发生重大变化的长期规划。因此，它应该提供国家公园可持续发展所需要的持续性；涵盖公园环境、娱乐、文化以及社会和经济方面。

2) 管理目标

国家公园的管理目标就是基于管理前景的展望，对于管理意图、管理活动希望达到的成效进行较为具体的论述。应该说，确定国家公园管理目标是制订其管理计划的第一个步骤，也是最难的一个步骤。国家公园的管理计划必须反映其基本目的，计划中提出的目标必须反映出与其相关的多方面利益群体的重要性和具体需求，并同时能够解释建立其相关法律或政策(Eagles et al., 2005)。管理目标制定得好坏与否是决定管理计划是否成功的重要因素。如果管理目标制定或表达得不够准确，或不能为管理者起到指导作用，那么，管理目标将失去可靠性，随后的管理活动也不能实现预期的目标，不能满足相关人员的期望。通常参与拟定目标的人群和利益相关的群体越多，就越难在他们之间达成共识。然而，克服这些困难还是值得的，剩下的规划进程就会因这些困难的克服而变得简单和轻松(Eagles et al., 2005)。当然，有时这些管理目标依然是含糊的(如"保护资源")或者是自相矛盾的(例如，美国国家公园系统在保证为后代留下完好的资源的同时为人们提供资源的娱乐)，因此有时仍有必要对这样的管理目标进行更为详细的阐述。

2. 管理目标在国家公园管理中的地位和作用

在广义的管理科学中，由管理规划所产生的管理风格称为"目标管理"。它不是被动反应式的管理而是积极主动式的管理。它也是以成效为导向的，即强调业绩和成果(Lee et al., 2005)。目标管理鼓励管理组织实施积极主动的管理，该管理方法为全世界各国公园管理机构普遍采用。图2-1是IUCN对全世界各国国家公园和保护地管理模式的一个总结和示意(Hockings et al., 2000)。

从图2-1中可以清晰地识别出国家公园的管理是以设定和修正其管理目标为开端，以评价管理目标的实现程度、采取必要的修正以达到预定的管理目标为结束。毋庸置疑，国家公园的管理目标对其管理发挥着举足轻重的作用。

3. 国家公园管理目标设定的逻辑机理分析

1) 从价值到管理目标

学术界在哲学层面上对价值的理解是多种多样、难以把握的。国内外学者对价值所下的定义很多，不下几十种。有的学者用"意义"界定价值，有的学者以"合目的性"界定价值，有的学者以"有用性"界定价值，有的学者以"人"界定价值。更多的学者用"需要"界定价值，从"客体对主体效应"的角度上理解价值。这种种界定，也都有一定的道理，也各有理论与逻辑上的困难(刘长凤，2008)。对于国家公园价值的认识，可从以下两个视角来审视(梁学成，2006；梁学成等，2004；张成渝等，2003)：其一，从"意义"的视角理解国家公园的"本征价值"；其二，以"效应"的视角来界定国家公园的"功能价值"。

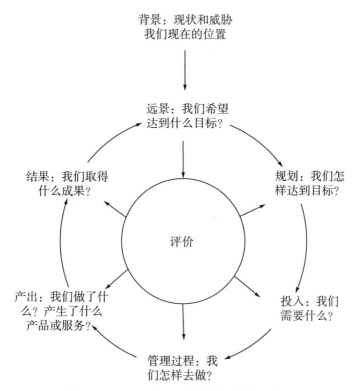

图 2-1　IUCN 国家公园与保护地的管理循环

资料来源：Hockings M, Stolton S, Dudley N.评价有效性——保护区管理评估框架[M]. 蒋明康，丁晖，译.北京：中国环境科学出版社，2000.

（1）国家公园的本征价值。

从"意义"的角度理解国家公园具有的"本征价值"，是指国家公园拥有的自然、文化价值往往如此罕见，超越了国家界限，对全人类的现在和未来均具有普遍的重要意义，是当前和将来人类文化丰富与和谐发展的一个源泉。实际上，联合国教科文组织在《世界文化和自然遗产保护公约》中，正是从"意义"的角度对自然和文化遗产价值加以论述，并以此为基础形成相关的定义和入选标准。国家公园的"本征价值"可以用如下方式描述（Eagles et al., 2005）。

①选择价值：保留对潜在未来地点利用的选择权，将保护区作为一种资料库。

②存在价值：了解保护区的存在意义，通常通过捐钱的意愿或时间进行衡量。

③遗产价值：使后代了解这些地区就在他们附近（非市场价值）。

（2）国家公园的功能价值。

从"效应"的视角来界定国家公园的"功能价值"时，国家公园的价值属于功能性范畴，表现了国家公园主、客体之间的功能关系，以公园客体对主体作用的效果或主客体相互作用的效果来界定价值。在此，如果把公园自身的本底自然、人文系统看成公园客体,那么国家公园自然、人文系统对人类社会和整个自然生态系统发挥的功能,正是国家公园的功能价值所在。下面是对国家公园功能价值的总结(徐国士等,1997;朱建国等,1996;金鉴明等,1991;MacKinnon et al., 1986; McNeely et al., 1984)。

①保护生态环境,维护生态安全。

国家公园具有成熟而完整的生态体系、生物群落,种类丰富、稳定性高,是构成生态基础设施的重要组成部分,为人类永久保护各种重要自然生态系统和典型类型的"本底"提供了难得的机会。国家公园是提供新鲜空气和水的源地,维护着人类生存及延续的需要,对缺少生物机能的城镇体系以及追求生产量为目的的农业生态体系具有重要的补充和平衡作用,对于提高国民的生活品质及国土生态安全具有重要意义。

②保存重要遗传物质及发挥基因库功能。

自然生态体系中,每一阶段的每一生物均是经过长时间演替作用的遗存者。无论是动物或植物,在今天不能利用的,不等于明天也没有价值。若任由伐木、狩猎等不当人为开发行为肆意进行,将导致生物物种大量灭绝,并间接地消灭了人类赖以维生的动物或植物,使生态系统趋于瓦解。因此国家公园具有保存自然资源及维护生物物种多样性、为野生生物提供天然栖息地、保持物种基因库多样性和丰富性的重要作用。

③提供国民游憩及繁荣地方经济。

大自然和国家公园独特的景观可陶冶人性,启发灵感。在今日城市经济快速发展和工商繁忙之余,城市居民对户外游憩的需求更为迫切,为求健康及心理上的平衡,城市居民前往自然地区近距离感受自然、亲身体验公园自然和文化保护价值,缓和生活上的紧张感。在满足国民游憩需求的同时,通过适当开发利用,国家公园可发挥其重要的经济功能。

a.增加外汇收入。

b.有助于平衡国家财政收支。通过旅游活动,吸引大量的外国游客,为国家赚取外汇。

c.增加政府收入。通过税收和门票收入获得收益,这还可用以保护国家的自然和文化遗产。

d.提供直接的或间接的就业机会。

e.促进地方经济的发展。带动相关产业如食品、餐饮、交通、旅游用品、旅游纪念品等的发展,刺激消费,带动内需并促进区域经济的发展。

④促进科学研究及国民的环境教育。

自然是人类的知识源泉。国家公园是为保存原始且完整的自然资源而设立的,其地形、地质、气候、土壤、河流溪谷、山岳景观,以及生活其间的动植物几乎没有受到人为干扰或改变。因此国家公园不仅可提供国民接触自然和了解生态体系的最直接机会，更可作为国民环境教育、特殊学科开展科学研究的理想户外实验室。

(3)价值与管理目标的内在联系。

应该如何来理解国家公园的价值和管理目标之间的内在关系呢？延续上面关于价值的论述，本书认为从根本上说，国家公园的价值就是其"本征价值"和"功能价值"的总和，国家公园管理目标的设定就是围绕着如何保护其"本征价值"，合理实现其"功能价值"展开的。深入地理解和认识国家公园的价值是设定其管理目标的前提和基础。

2)从制约因素到管理目标

当然，在具体设定某一国家公园的管理目标时，除了顺应"价值—目标"这一内在逻辑机理外，其管理者和规划者还应该对国家公园当前状态、特殊威胁和机会，包括广泛的政策环境加以关注和分析。因为，既然国家公园管理目标是针对其未来发展的，那么就必须对可能影响其未来的因素加以认识和评估。这些因素有时可能来自于国家公园自身自然环境条件，如其内部现有的生态进程、独特而脆弱的自然特征、资源的相对缺乏等，但更多时候限制因素则可能会来自于外部其他方面，如下(Lee et al., 2005)。

(1)法律责任。

(2)土地所有权的限制。

(3)优先使用状况(如已建立的渔业或矿产开采)。

(4)健康和安全因素。

(5)管理的限制因素。

(6)在此之前人类的开采或使用情况(这些在计划里必须首先说明)。

(7)对相邻社区以及旅游者的责任。

(8)其他政策因素。

一旦确认了当前状态、特殊威胁和机会，管理者就可以确定管理的优先领域或决定用于国家公园特定区域的时间和资源，并制定相应的管理目标。例如，如果国家公园内商业性资源采集是一个严重的问题，那么可能就会建立相关的管理目标和政策。

2.1.2　各国国家公园管理目标设定的经验总结

为了进一步说明和展示各国国家公园管理目标的设定情况，本书查阅全球 4 大洲 9 个国家和地区关于国家公园管理目标相关法律和政策的定制，具体见表 2-1。

表 2-1 国家公园法定管理目标

洲	国家和地区	国家公园的法定管理目标	依据法律
北美洲	美国	"保存(公园地的)风景、自然和历史遗迹及野生生命并且将它们以一种能不受损害地传给后代的方式提供给人们来欣赏"	《国家公园管理局组织法》(1916)
	加拿大	"公园服务于加拿大公民的利益、教育和娱乐并且应该以完好无损的方式进行保留和使用以提供给子孙后代继续享受。"同时法案还指出在管理规划中,当考虑公园管理规划分区和游客利用时保护自然资源和生态系统的完整性应该具有第一位的优先权	《国家公园法》(1930)
欧洲	英国	"保存和提高加强自然美景、野生生命和文化遗迹(公园内的);促进公众理解和欣赏这些公园的特殊品质的机会"	《环境法》(1995)
	德国	第一,保护整个地区的生态环境;第二,保护处于自然状态和接近自然状态的生物;第三,在不影响环保目的的前提下,对当地居民进行宣传教育,开发旅游和疗养业;第四,国家公园不以盈利为目的	《巴伐利亚州自然保护法》
大洋洲	新西兰	基于国家的利益,新西兰的国家公园永恒保护那些拥有如此美丽、独特和具有科学重要性的与众不同品质的风景、生态系统、自然特征,保护它的内在价值,并促使公众合理使用、欣赏和享受这些区域	《国家公园法案》(1980)
	澳大利亚	公园设立的目的是"保护公园所在区域处于自然状况,并且鼓励和规范公众对这一区域的合理使用、欣赏和享受"	《环境保护和生物多样性保护法案》(1999)
亚洲	韩国	对国家(国立)公园设定的目的是"保护代表性的自然风景地,扩大国民的利用率,为保健、休养及提高生活情趣做出贡献"	《韩国自然公园法》(1967)
	日本	明确指出日本的自然公园系统成立的目的"为保护优美的自然风景地区,以及对野生动植物、生态环境、生物多样性等的保护,增进其利用,并为国民提供一个保健、休养及科普教育的优美场所"	《自然公园法》(1957)

资料来源:根据各自的文献整理而成

对比这九个国家和地区的国家公园的法定管理目标,可以得出以下结论。

1.共同点

1)"自然保护"和"公众的游憩利用"是国家公园公认的两个基本管理目标

九个国家和地区的相关法律政策都同时强调了公园"自然保护"和"公众的游憩利用"的双重目的。

2)均强调了公众对国家公园具有合理利用的权利

各国都普遍强调了公园是为国家和人民的利益而设的,公众对国家公园拥有进入、合理利用和欣赏娱乐的天然权利。

3)均明确指出当保护和游憩利用之间存在冲突时,保护应赋予更大的权重

在各国公园管理目标的进一步陈述中,均不同程度地提到当保护和利用之间存在不可调和的冲突时,保护应赋予更大的权重,如英国的《环境法案》就明确指出:当公园两个法定目的"保存和提高(国家公园的)自然美景、野生生物和文

化遗产与提供公众理解和娱乐(国家公园)这些特殊品质的机会"存在不可调和的冲突时，赋予保护国家公园自然美景、野生生物和文化遗产目的更高的权重。澳大利亚和新西兰等国家的相关法律也有相似的规定。

4)均明确拒绝公园的经济发展目标

经济发展目的没有出现在上述任何一个国家的相关法律中，英国、德国相关法律更是明确指出公园拒绝经济目的，认为发展经济应由单独的发展机构来承担，促进经济发展不能成为公园设立的根本目的。

2.差异

1)不同国家"自然保护"突出的重点有所不同

在实践中，不同国家"自然保护"含义的侧重点不同。大体可分为两类，北美洲和大洋洲国家公园的"自然保护"侧重于生态系统和生物多样性的保护；亚洲和欧洲国家及地区的国家公园则侧重于风景和景观的保护。

2)个别国家把繁荣社区经济和促进社会福利作为国家公园的一项法定责任引入

考虑到国家公园内社区居民众多这一实际情况，英国的国家公园管理局被《环境法案》赋予以下法定职责：与负责发展的地方机构通力合作，繁荣(国家公园内)社区的经济和社会福利。应该说这一补充说明，对于具有类似情况的国家建设国家公园具有重要的借鉴意义，国家公园虽然不能把繁荣经济和促进社会福利作为一个根本的管理目标，但是可以作为一项重要的责任引入，配合地方主管经济发展的机构促进公园所在区域社会、经济的可持续发展。

3.对造成差异的原因分析

造成各国家公园管理目标存在差异的根本原因在于各国国情不同，公园的选取标准也不同。加拿大、美国、澳大利亚和新西兰等，由于国土面积大、地广人稀，加之这些国家建立保护地思想发源较早、民主和以公众利益为最终出发点思想的盛行，使得其较早地保留下大量大片的自然地域，免受人类文明进程的破坏。因而这些国家的公园设立标准以是否具有特殊自然现象、独特生态系统、珍稀濒危动植物物种，以及是否能为公众提供了解、鉴赏和享用自然的机会作为主要条件。在设定公园管理目标上自然偏重于保护生态完整性，为公众提供了解、享用自然机会等满足多样性的游憩需求(黄丽玲，2007)。

欧洲的英国、德国，亚洲的日本、韩国，还有中国台湾地区由于国土面积小，人口众多，当地传统人类文明发达，国土几乎都已出现不同程度的开发，普遍存在人类活动痕迹，因而难以开辟出像美国或加拿大那样完好的、保持自然面貌的大面积国家公园。因而上述这些国家和地区的国家公园主要以自然美学价值作为重要评判和选取标准，所选之地多数风景秀丽，人类活动和居民在此世代相传，沉淀了丰厚的人文遗迹(韩相壹，2003；袁晖，2002)。公园的管理目标设定自然也就偏重于保护风景资源的世代流传，同时表现出对公园内社区居民生存和发展的特别关注。

2.1.3　IUCN "国家公园" 的管理目标设定

1.IUCN 的保护地分类体系

联合国教科文组织(UNISCO)和国际自然保护联盟(IUCN)经过近 40 年的努力，终于在 1994 年出版的《保护地管理分类指导原则》(以下简称《导则》)一书中，提出了被世界上 100 多个国家认可和接受的 "国家公园与保护区" 分类管理体系。《导则》首先提出了包括国家公园在内的所有类型保护地的总目标，即 "维持其生物多样性以及自然和相关人文资源" (IUCN，1994)。在这个总目标下，考虑到不同类型保护地在具体目标上有所差异，而详尽列举了下面 9 条更为具体的、主要的管理目标。

(1)科学研究。

(2)荒地保护。

(3)物种和遗传多样性的保护。

(4)环境设施的维护。

(5)独特的自然和人文景观的保护。

(6)旅游和重建。

(7)教育。

(8)自然生态系统中资源的可持续利用。

(9)文化和传统习俗的保护。

在通盘考虑全球保护地状况的基础上，《导则》对上述 9 条主要管理目标以加以突出重点的顺序排列，将全球保护地分为以下六类。表 2-2 以矩阵形式阐明管理目标和分类类型之间的关系。

需要说明的是，上述分类是以首要管理目标为基础的。《导则》特别强调某国某一类型保护地相关法律、政策中包含的管理目标，可视为该类保护地首要的管理目标，在确定该类保护地国际分类时具有基础性地位。

2. IUCN "国家公园" 管理目标

在 IUCN 的保护地分类体系概念界定中，国家公园是具有以下特征的自然陆地或/和海域：①为现代和后代提供一个或更多完整的生态系统；②排除任何形式的有损于保护地管理目的的开发或占有；③提供精神、科学、教育、娱乐及参观的基地，所有上述活动必须实现环境和文化上的协调。"国家公园" 设立的主要目的是生态系统保护和娱乐，而 "国家公园" 具体的管理目标包括以下内容(IUCN,1994)。

表 2-2　管理目标及 IUCN 保护地管理类型矩阵

| 管理目的 | 严格自然保护地 | | 国家公园 | 自然纪念地 | 栖息地 / 物种管理保护地 | 陆地 / 海洋景观保护地 | 资源管理保护区 |
	自然保护地	荒野地					
	Ia	.Ib	II	III	IV	V	VI
科学研究	1	3	2	2	2	2	3
荒地保护	2	1	2	3	3	-	2
物种和遗传多样性的保护	1	2	1	1	1	2	1
环境设施的维护	2	1	1	-	1	2	1
独特的自然和人文景观的保护	-	-	2	1	3	1	3
旅游和重建	-	2	1	1	3	1	3
教育	-	-	2	2	2	2	3
自然生态系统中资源的可持续利用	-	3	3	-	2	2	1
文化和传统习俗的保护	-	-	-	-	-	1	2

注：1 为首要目标；2 为次要目标；3 为潜在的可利用目标；-为不可利用

资料来源：IUCN.Guidelines for Protected Area Management Categories[M]. IUCN, Gland, Switzerland and Cambridge, UK:IUCN Publications Services Unit，1994.

(1)保护在精神、科学、教育、娱乐以及旅游等方面具有显著国内和国际意义的自然和风景区。

(2)使那些具有自然面貌的地区、生物群落、遗传资源和物种样本代表性的区域尽可能长期保持其自然状态，以提供生态稳定性和多样性。

(3)提供人们灵感、教育、文化、娱乐等方面的服务，同时使这种服务限制在一定程度上，尽量使保护地保持其自然的或近似自然的状态。

(4)杜绝并阻止任何与保护地管理目的相抵触的开发和占有行为。

(5)保持具有独特生态和地理面貌特征的区域，对具有神圣的或美学意义的区域给予保护以示尊敬。

(6)应考虑当地居民包括生计所需资源利用等方面的需求，同时保证这些并不影响其他管理目的的实现。

3.对 IUCN"国家公园"管理目标的评述

可以看出，IUCN 提出的上述管理目标是依据其国家公园的定义和选取标准提出的一般性管理目标。实际上，对于全球某一国家某一具体国家公园的管理而言，除了上述一般性管理目标外，还必须根据本国的国情和公园的实际情况设定一些具体的、具有本地特色的管理目标。当然，根据《导则》的相关说明，这些具体的、本地性的管理目标，不能成为判别公园所属保护地类型的基础性依据。

此外，如果把 IUCN"国家公园"管理目标和前面各国国家公园管理目标加以比较，会发现 IUCN 对其第二类保护地"国家公园"管理目标的设定更多的是参照了北美洲和大洋洲国家公园首要管理目标，特别是目标中对公园生物多样性保护的重点强调。与之相比，部分欧洲和亚洲国家的国家公园管理目标的设定更接近其第 IV 类保护地——陆地／海洋景观保护地。实际上，这一点在《导则》中已有补充说明(IUCN,1994)。

2.2   梅里雪山国家公园价值与威胁分析

2.2.1   基本情况介绍

1.自然地理区位

梅里雪山，位于青藏高原东南缘，云南最西北端迪庆藏族自治州德钦县城东北约 10km 的横断山脉中段，怒江与澜沧江之间。雪山北与西藏阿冬格尼山相连，南与碧罗雪山相接，海拔在 6000m 以上的山峰有 13 座，因而也称为"太子十三峰"，其主峰卡瓦格博位于东经 98.6°，北纬 28.4°，正好坐落在怒山山脊的主脊线上，海拔为 6740m，是云南的第一高峰。

梅里雪山处于世界闻名的金沙江、澜沧江、怒江"三江并流"世界遗产地的核心腹地，是国家重点风景名胜区"三江并流"风景名胜区的组成部分，是国家 AAAA 级景区。其西南翻过太子雪山山脉是世界著名的怒江大峡谷及丙中洛风景区，而东侧则有白马雪山国家级自然保护区、玉龙雪山国家级风景名胜区、丽江古城世界文化遗产以及苍山洱海国家重点风景名胜区(图 2-2)。2009 年 7 月份成立梅里雪山国家公园，并于同年 10 月份正式开园。

德钦县位于云南省迪庆藏族自治州西北部，西南与维西傈僳族自治县、怒江州贡山独龙族自治县接壤，西北与西藏的芒康、左贡、察隅县山水相连，东南同四川的巴塘、得荣县及云南的香格里拉县隔金沙江相望。总面积 7278km^2，人口密度为每平方公里 8 人。历史上德钦县梅里雪山地区就是内地通往西藏、印度、尼泊尔的重要枢纽，是我国连接东南亚国家的重要陆上通道。

梅里雪山国家公园位于德钦县政府所在地升平镇东北约 10cm 处。具体范围是：东至国道 214 线和德维公路，西至梅里雪山山脊线省界，南以燕门乡与云岭乡界为界，北以索拉垭口以北第一道山脊线为界(图 2-3)。公园范围四至点坐标分别如下。

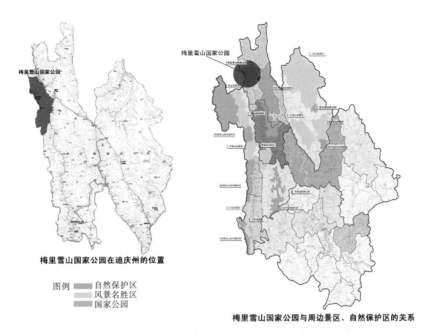

图 2-2　梅里雪山国家公园区位关系图

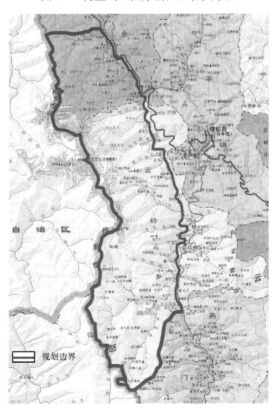

图 2-3　梅里雪山国家公园边界图

东部最远点位置为 E98°52′41.16″，N28°26′30.73″。
西部最远点位置为 E98°37′29.16″，N28°23′51.76″。
南部最远点位置为 E98°46′12.64″，N28°2′16.71″。
北部最远点位置为 E98°41′41.18″，N28°40′56.73″。

国家公园总规划面积 959.171km^2，占德钦县总面积的 12.65%。从行政区划上看公园范围涉及德钦县的两乡一镇，即升平镇、云岭乡、佛山乡的 16 个自然村，1600 个农户，约 8000 多人，约占德钦县总人口的 12.8%，公园平均人口密度约为每平方公里 8.32 人。

2.社会经济条件

根据《德钦县县志》的记载，德钦 1950 年 5 月 20 日建立县级人民政权机构——德钦县设治局，隶属丽江地区专员公署。1952 年 5 月成立德钦藏族自治区及自治区人民政府。1955 年 12 月德钦藏族自治区改为德钦县，县城驻升平镇。1957 年 9 月，成立迪庆藏族自治州，德钦县由丽江地区划归迪庆藏族自治州建置。2010 年，德钦县总面积 7273km^2，总人口 6.008 万人，辖两个镇、6 个乡（其中两个民族乡）、两个居委会、42 个村委会。县内世居民族主要有藏、傈僳、纳西、白、回等 13 个民族，其中藏族人口占总人口的 80.3%。由于地域偏远，自然条件恶劣，德钦县历来都是国家级贫困县。表 2-3 是近五年德钦县、云南省和全国农民人均纯收入统计表。

表 2-3 2010～2014 年德钦县农民人均纯收入

	项目指标	2010 年	2011 年	2012 年	2013 年	2014 年
德钦县	农民人均年纯收入/元	3347	4105	4769	5571	5865
云南省	农民人均年纯收入/元	3952	4722	5417	6141	7456
全国	农民人均年纯收入/元	5919	6977	7917	8896	9892

资料来源：数据整理自 2010～2014 年全国、云南省、德钦县国民经济和社会发展统计公报

从图 2-4 可以看出，2010～2014 年德钦县农民人均年纯收入分别为 3347 元、4105 元、4769 元、5571 元和 5865 元，明显低于云南省、全国农民人均年纯收入水平。

图 2-4 2010～2014 年德钦县农民人均纯收入

近年来，受旅游业迅速发展的影响，梅里雪山国家公园区域内的社区平均收入水平出现大幅增长。以 2010 年为例，公园范围内 6 个主要行政村人均年纯收入大约为 5400 元，远高于同年德钦县 3347 元的水平，云南省 3952 元的水平（见表 2-4）。

表 2-4　2010 年梅里雪山国家公园主要行政村农民人均纯收入

公园内主要乡(镇)	主要行政村	人均年纯收入/元
云岭乡和佛山乡	果念	6121
	查理桶	4732
	斯农	4884
	西当	6090
	鲁瓦	6007
	流筒江	4575
2010 年梅里雪山国家公园内主要行政村人均年纯收入 5400 元		

资料来源：2010 年德钦县云岭乡和佛山乡政府工作总结

但进一步分析会发现，如果去除明永冰川和雨崩神瀑两个主要景区周边的果念、西当和鲁瓦村外，公园范围内剩余的 3 个行政村社区居民的人均年纯收入为 4730 元，略低于德钦县的平均水平，旅游业明显成为拉开社区收入差距的最主要因素，如图 2-5 所示。

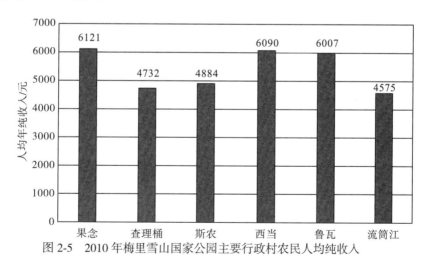

图 2-5　2010 年梅里雪山国家公园主要行政村农民人均纯收入

3.旅游业发展状况

1)发展历程回顾

1994 年德钦县森工企业全面停伐，德钦县委、县政府根据云南省政府滇西北旅游规划会议精神，开始提出发展旅游的思路。1996 年德钦县争取了第一批云南旅游发展资金 500 万元；1994～1997 年，完成并通过了飞来寺片区的控制性详规和梅里雪山明永景区的总体规划；1998 年 8 月，德钦正式对外开放；1999年德钦县外事旅游局申办成立梅里雪山旅行社，积极与英国喜马拉雅旅行社、美国高山旅行社、日本观光株式协会合作开发了梅里雪山特种旅游产品，德钦旅游业开始起步。2000 年德钦县旅游局积极向国家和省争取国债资金 5690 万元，完成了梅里雪山明永景区、飞来寺景区的基础设施建设。2006 年梅里雪山被评为国家 4A 级旅游区。2009 年 7 月份成立梅里雪山国家公园，并于同年 10 月份正式开园。在"十一五"和"十二五"期间，德钦县旅游接待有了较大的发展。2007～2014 年，全县接待国内外游客人数由 2007 年的 28.8 万人次增长到 2014年的 90.8 万人次，年平均增长率为 17.8%。

2）旅游市场

由于受地域遥远、可进入性差、基础设施落后、海拔高等客观因素的影响，目前梅里雪山大规模的团队旅游市场尚未发育。2014 年的旅游市场调查表明，梅里雪山旅游者平均年龄为 30.9 岁，以近、中距离经济发达地区客源地的中等收入散客为主。旅游者在德钦县旅游的停留天数为 2.96 天，相对于香格里拉县的1.86 天停留时间延长了 1 天多，停留时间的长短反映出自助旅游散客客源市场的总体特征。总体上来看，德钦旅游业处于初级发展阶段，旅游基础设施和景区（点）建设的严重滞后是导致难以对大型旅行社产生吸引力的重要原因。梅里雪山适游期约为 200 天，其中 5、7、8、9、10 月为旅游旺季，12、1、2、3 月为旅游淡季，4、6、11 月为旅游平季。表 2-5 是对 2008～2014 年梅里雪山旅游者的统计。

表 2-5　2008～2014 年梅里雪山旅游者人次数统计表　　（单位：万人次）

年份	全县海外旅游者	全县国内旅游者	全县旅游者总数	梅里雪山国家公园游客数
2008	3.46	63.82	67.28	8.84
2009	3.82	71.49	75.31	9.91
2010	4.19	79.18	83.37	10.98
2011	4.55	86.85	91.4	12.04
2012	4.91	94.53	99.44	13.11
2013	5.28	102.21	107.49	14.18
2014	5.64	109.89	115.53	15.25

注：数据来源于德钦县旅游局，进入梅里雪山国家公园的旅游者统计数据不明，本书是根据景区门票销售记录估算的

梅里雪山地区海外旅游者客源市场分布比较广泛，客源国及地区主要以泰国、港澳台、日本、韩国、澳大利亚等为代表的亚太地区和以美国、法国、英国、意大利、加拿大、西班牙等为代表的欧美地区。

3) 旅游者

根据 Weaver(2004)《生态旅游》一书中提到的观点，生态旅游者可以细分为严格型、组织型和一般型。严格型生态旅游者(hard ecotourists)具有强烈的生态意识和环境责任感，他们对旅游设施舒适度要求低，更主动接近大自然，他们通常还会了解到旅游对当地居民的影响以及当地居民和环境之间的联系，因此更愿意为当地居民支付费用；一般型生态旅游者(soft ecotourists)具有中等或表层生态意识，对旅游舒适度要求高，一般不愿意主动了解生态知识，不与大自然进行深入交流，基本等同大众旅游；组织型生态旅游者(structured ecotourists)是介于严格型和一般型之间的旅游者，他们有较强烈的了解自然的动机，也具有较强的环境责任感，但他们喜欢较为舒适的旅游服务和设施。不同旅游者之间的关系如图 2-6 所示。

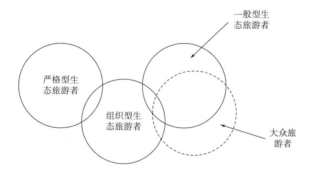

图 2-6　几种生态旅游者和大众旅游者的管理

资料来源：肖朝霞，杨桂华.国内生态旅游者的生态意识调查研究：以香格里拉碧塔海生态旅游景区为例[J].旅游学刊,2004,1(19):67–81.

依据上述理论，对 2014 年梅里雪山游客的调查数据加以分析，发现该地区旅游者分类情况大体如表 2-6 所示。

表 2-6　梅里雪山游客分类

旅游者分类	旅游者特点	国内	海外	比重
严格型生态旅游者	具有强烈的生态意识和环境责任感，他们对旅游设施舒适度要求低	港澳台、长江三角洲、珠江三角洲、京津地区的高端旅游市场	主要以美国、德国、法国等为主	36%
组织型生态旅游者	介于严格型和一般型之间的旅游者	贵州、广西及华中、华北、东北地区，其中以贵阳、南宁、武汉、长沙等为主	俄罗斯、西亚等近距离市场	43%
一般型生态旅游者	对旅游舒适度要求高，基本等同大众旅游	以云南省、四川省、重庆市、长江三角洲、珠江三角洲等地区为主	日本、韩国、东南亚等国家和地区	21%

　　与肖朝霞等(2004)、颜磊等(2006)采用类似方法对香格里拉碧塔海和四川峨眉山的游客调查的结果有很大的不同，梅里雪山国家公园严格型生态旅游者的比重超过 30%，接近发达国家保护地的旅游中有 18％～34％严格型生态旅游者(Weaver, 2004)上限数值。严格型生态旅游者、组织型生态旅游者和一般型生态旅游者三者的比重为 36∶43∶21，非常接近各 IUCN 保护地生态旅游适宜性分析中Ⅱ类保护地的情况(Weaver, 2004)，如图 2-7 所示。

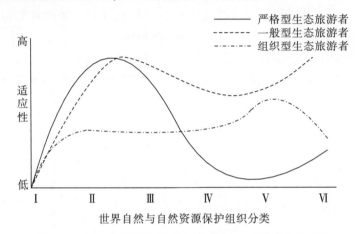

图 2-7　IUCN 各类保护地对生态旅游和大众旅游的适应性

资料来源：Weaver D. 生态旅游[M]. 杨桂华, 王跃华, 肖朝霞, 译.天津: 南开大学出版社, 2004.

2.2.2　主要价值分析

　　2003 年 7 月 2 日，联合国教科文组织第27届世界遗产大会宣布，滇西北"三江并流"地区满足世界自然遗产全部 4 条评定标准，而正式列入《世界自然遗产名录》。4 条评定标准如下。

　　(1)构成代表地球演化史中重要阶段的突出例证。

　　(2)构成代表进行中的重要地质过程、生物演化过程以及人类与自然环境相互关系的突出例证。

　　(3)独特、稀有或绝妙的自然现象、地貌或具有罕见自然美的地带。

　　(4)尚存的珍稀或濒危动植物种的栖息地。

　　梅里雪山国家公园区域作为"三江并流"世界自然遗产的核心区，是上述 4 点普遍性价值的典型代表区域，并具体表现于以下几方面。

　　1.具有重大的生物多样性保护价值

　　滇西北"三江并流"地区位于地理气候差异十分显著的东亚季风区、青藏高原区、南亚和东南亚热带季风区等三大区域的结合部，不同区系的生物类群在此交错分布，加之特殊的地质地貌、复杂多样的气候类型与纵横交错的河网水系，使滇西北地区发育形成了在北半球除沙漠和海洋以外的各类生态系统类型。虽然该地区大约仅占中国国土面积的 0.6%，却拥有中国 40%以上的高等植物和 25%以上的动物种数，区内分布着 7000 种高等植物(其中 5079 种属于中国特有，910种云南特有)。它同时也是野生动物的天堂，拥有 788 种脊椎动物，其中 77 种属于国家级保护动物，53 种被列入 IUCN 红皮书。该地区是世界上海拔分布最高、最为珍稀的灵长类动物——滇金丝猴的主要分布区，也是中国和世界上生物多样性最丰富、重要类群分布最集中的地区之一。该区域被 IUCN 选为全球 25 个生物多样性优先重点保护的热点地区，是具有全球意义的生物多样性关键地区和生物资源宝库。保护该区域生物多样性具有两方面的重大意义：①丰富的生物多样性是巨大的基因库，其蕴涵的大量具有重大经济价值的物种和种子资源，是我国战略资源的重要组成部分，具有巨大的开发潜力，保护好滇西北的生物多样性可以为国家、子孙甚至全人类的未来创造更好的福祉；②由于地处金沙江、澜沧江、怒江、伊洛瓦底江 4 条亚洲著名大江的上游地区，纵向岭谷地形和山高谷深的地势使滇西北成为中国内陆生态安全的重要屏障，保护滇西北的生物多样性对长江下游和周边邻国的生态安全具有至关重要的意义。

拟建梅里雪山国家公园区域位于"三江并流"世界自然遗产地的最西北端，区内海拔最低点位于澜沧江江面，海拔 1870m；海拔最高点位于梅里雪山主峰卡瓦格博峰，海拔 6740m。由于巨大的垂直地貌变化，区内包括了从干热河谷到高山寒带植被带几乎所有的气候-植被带，并拥有丰富多样的观赏植物资源，是许多世界著名观赏植物的生长中心，其稀缺性和珍贵价值对园艺学家而言具有不可估量的意义。梅里雪山地区被世界自然基金会(WWF)列入全球 200 个优先保护的生态区域；澜沧江梅里大峡谷作为梅里地区景观的一部分被保护国际基金会(CI)列为生物多样性保护热点地区。在美国大自然保护协会(TNC)中国部云南大河流域项目滇西北生态区域规划优先保护评价中，梅里雪山地区由于其动植物及生态系统的丰富性和地方特有性被认为是"三江并流地区"最重要的保护地区之一。

2.具有极高的科学研究价值

梅里雪山国家公园区域是几十种珍稀和濒危植物的重要栖息地，是特提斯构造与演化历史、印度板块与亚欧板块碰撞、横断山巨型陆内造山带形成、青藏高原隆升等地球演化历史重要阶段和重要事件的关键性地域，是高山地貌类型和演化过程的杰出代表地区之一，拥有世界上同纬度冰舌海拔最低的现代海洋性冰川——明永冰川，是世界一流的地质、地貌自然遗迹区，具有极高的地质学和动植物学研究价值。

3.具有杰出的景观价值

1)具有杰出的自然景观美学价值

梅里雪山是"云南旅游资源皇冠上的明珠"(世界旅游组织，2001)，是"三江并流"地区"绝妙的自然现象或具有罕见自然美景与审美价值的地区"的杰出代表区域。世界遗产委员会对梅里地区的相关描述是这样的"海拔达 6740 米的梅里雪山主峰卡瓦格博峰上覆盖着万年冰川,晶莹剔透的冰川从峰顶一直延伸至海拔 2700 米的明永村森林地带,这是目前世界上最为壮观且稀有的低纬度低海拔季风海洋性现代冰川。千百年来,藏族人民把梅里雪山视为神山,恪守着登山者不得擅入的禁忌"(世界遗产委员会,2005)。

其实,早在 1879 年,匈牙利人泽切尼仁觉著书,详尽描述了梅里雪山区域的地理地貌。1922~1935 年,美籍植物学家约瑟夫•洛克更是在美国发表记录梅里雪山的文章,称卡瓦格博峰是"世界上最美之山"。1991 年中日登山队再登梅里雪山,发生了震惊中外的山难,几乎全军覆没,使梅里雪山成为地球上屈指可数的处女峰。在 2005 年,在由《中国国家地理》杂志主办、全国 36 家主流媒体共同协办的"选美中国"活动中,梅里雪山被评为"中国最美的十大名山"之一,澜沧江梅里大峡谷被评为"中国最美的十大峡谷"之一。 2006 年梅里雪山被《环球游报》和全国 36 家都市类晚报评为"中国最值得外国人去的 50 个地方之一"金奖。《纽约时报》《时代周刊》等报刊都对梅里雪山进行了深度的宣传报道。

2)具有独特、神秘的人文景观价值

除了具有杰出的自然景观美学价值外,梅里雪山国家公园还拥有极其神秘和独特的人文景观。"该区域的怒江、澜沧江地区是藏族、傈僳族、怒族等多个少数民族的聚居地,是世界上罕见的多民族、多语言、多文字、多种宗教信仰、多种生产生活方式和多种风俗习惯并存的汇聚区,也是当今中国乃至全世界民族文化多样性最为富集的地区之一"(世界遗产委员会,2005)。

在藏文经卷中梅里雪山的 13 座 6000m 以上的高峰,均被奉为"修行于太子宫殿的神仙",特别是主峰卡瓦格博,传说为宁玛派分支伽居巴的保护神,是千佛之子格萨尔王麾下一员彪悍的神将,是多、康、 岭(青海、甘肃、西藏及川滇藏区)众生绕匝朝拜的圣地,雄居藏区八大神山之首,统领另外七大神山、225 座中神山以及各小神山,维护自然的和谐与宁静。早在 700 年前藏族人民朝圣梅里雪山的转山活动就已经出现,进入 21 世纪以后,每年秋末冬初,都有成千上万的来自云南、西藏、四川、青海、甘肃的朝圣者朝圣梅里雪山,若逢藏历羊年转经者更是增至百十倍。梅里雪山对于藏传佛教和藏族人民具有极高的精神意义,拟建梅里雪山国家公园区域现存内、外两条转经路线以及沿线无数的神山、圣迹更是虔诚信徒顶礼膜拜的重要对象。在神山的守护下,以藏族为主的各族人民世代在这里繁衍生息、融洽相处、各信其教、相安无事。一妻多夫、一夫多妻等奇特民风民俗随处可见。极具民族特色的建筑、村落与周边的森林、湖泊、冰川融合在一起,构成一幅"天人合一"的景象,处处体现出希尔顿所说的"香格里拉"意境,如图 2-8、图 2-9、图 2-10、图 2-11 所示。

图 2-8　中国最美的十大雪山之一
——梅里雪山

图 2-9　中国最美的十大峡谷之一
——梅里澜沧江大峡谷

图 2-10　北半球海拔最低的季风海洋性现代冰川
——明永冰川

图 2-11　被称为世外桃园的雨崩村

2.2.3　威胁评估及对策分析

识别和评估梅里雪山国家公园区域面临的主要威胁，将帮助管理者更加明确可能会面临的挑战。本书在 2003 年 TNC 完成的《梅里地区保护行动规划》的基础上，依据对梅里雪山国家公园价值、意义的认识和当前的信息收集水平，通过多次与不同利益相关者和专家的讨论，完成了拟建梅里雪山公园区域的威胁分析和评估。

1.威胁因子分析

总体来说，梅里雪山国家公园面临的威胁因子大体上可以分为两大类：一类是来自于梅里雪山国家公园区域内部的威胁因子；另一类则可统称为来自于梅里雪山国家公园区域外部的威胁因子。

1）来自于内部的威胁因子

由于梅里雪山国家公园区域内社区众多，人为活动对梅里雪山地区自然环境的扰动仍十分频繁，专家及其他讨论参与者一致认为，公园内和周边社区的传统生产、生活活动是对公园自然资源和景观构成威胁的最为主要的内部根源。具体表现为 6 个威胁因子。

(1)薪柴的采集。

由于当地生产生活的需要和能源结构方式，薪柴的砍伐是一直存在的。随着旅游者的大量涌入、社区旅游接待业的扩张，薪柴的砍伐量还在不断增长。就目前掌握的调查数据，社区大部分砍伐的薪柴都是用于维持生计，砍伐的对象主要包括针、阔叶栎类植物，低海拔地区的常绿阔叶林和中高海拔的硬叶栎类林。由于砍伐活动多发生在自然林生态系统中，尤其是硬叶常绿阔叶林或者灌丛，因此会对自然林生态系统产生直接影响。

(2)放牧。

历史上当地老百姓为了放牧，曾采取放火烧毁原有的森林或者砍伐草甸周边逐渐长大森林的方法，人为缩小林地扩大草地。虽然这一现象现在已受到禁止，但由于部分社区饲养的牦牛和山羊数量超出了现有的草场承载力，梅里雪山地区草场退化迹象十分明显。此外，牧群的践踏和啃食对区域内植物的影响也很大，不但会造成区域的水土流失，而且还会破坏一些保护物种或珍稀物种的生境。

(3)建筑用材的砍伐。

为满足社区人口不断增加和旅游业发展的需要，梅里地区新建房屋数量开始呈现加速上升的态势。对房屋的主要建材——木材的需求也直线上升，并直接导致梅里雪山国家公园区域内森林砍伐过度，造成了区域内一些森林，特别是一些混交林和云冷杉林遭到明显破坏和减少。

(4)非木质林产品采集。

非林产品采集主要是对植物物种构成直接威胁，尤其是菌类。商业性非林产品采集是当地居民的一项重要经济收入来源，外部市场的巨大需求造成了非木质产品采集的不可持续性。梅里雪山地区的非林产品采集主要有三类。

①采集松茸。如果管理不善，会对松茸的可持续性带来破坏。同样采集松茸的过程也会对其他植物造成践踏和破坏。

②采集药材。一些药材本身就是保护植物，即使不是保护植物，如果采集量过大也会对本地的植物带来影响，影响较大时甚至会导致植物消失。例如，对高海拔地区的雪莲的采集，在中海拔地区对虫草和贝母的采集都对当地此类植物产生了严重影响。

③其他采集。对一些蔬菜产品、纤维产品的采集等也会对此类植物带来影响。

(5)社区旅游接待。

社区旅游接待是目前梅里雪山地区许多重要景区景点的主要接待方式，社区使用传统的方式来满足旅游者吃、住、行、游的需求。大量旅游者的到来已经透过社区给梅里雪山国家公园区域带来全方位的资源需求压力。

(6)无规划的农村发展。

随着退耕还林工程、天然林保护工程的开展，农业开垦活动受到了制约。但由于当地的土地有限，土地的产量也不高，农民的生活困难，因此，如果没有具体的扶贫措施，农业开垦活动将会再次开始，而受到影响的将是一些中低海拔稍平缓地区的生态系统。无规划的农村发展有可能会致使生境破碎化，道路及其他基础设施的建设，尤其是近年来，国家村村通公路政策的实施，对该区域地表植被、山体滑坡和泥石流等也产生了一系列的影响。

2）来自于外部的威胁因子

来自于外部的威胁因子共有 4 个。

（1）旅游业的发展。

旅游业发展给梅里雪山国家公园区域带来的威胁表现在以下几方面：旅游基础设施，如公路、栈道、宾馆、客栈的修建对生态系统和植被造成的影响；旅游者活动对当地的环境造成的影响，如游客骑马观光、采集植物、践踏草地、随地丢弃废物、发出噪声等；旅游者和工作人员产生的生活废水、垃圾对梅里雪山国家公园区域生态环境造成的影响。

（2）水利水电开发。

水利水电开发将直接影响沟谷生态系统、淹没该系统的植被组分、改变水文情势、影响水生生物群落、影响陆生生物群落的栖息地等。沟谷生态系统是整个梅里雪山国家公园区域内生物多样性最丰富的生态系统。水利水电开发，尤其是对澜沧江峡谷河段的梯级开发将对流域的生物多样性和景观多样性造成巨大的影响。尽管截止到目前，梅里雪山国家公园区域尚未正式实施任何大中型水利水电开发项目，但该因素还是应该视为一个重要的潜在威胁因素加以考虑。

（3）矿产开发。

梅里雪山地区矿产资源丰富，探矿和采矿的历史悠久。虽然目前还没有大规模的开采活动，但是小规模的探矿活动是存在的，对环境的影响也不容小视。

（4）全球变暖。

随着全球气候变暖的趋势越来越明显。梅里雪山的明永、思农、纽巴和浓松四大冰川受到的影响越来越明显，每年正以近 50m 的速度退缩。这种情况，一方面造成梅里地区景观资源的退化，另一方面对区域的水资源等因素也将产生一定的影响。

2.威胁评估

1）评估对象选择

严格地讲，上述威胁因子对整个公园生态系统、生物多样性和景观均构成了不同程度的威胁和影响。但从突出管理重点和可操作的角度出发，本书根据专家的意见，从梅里雪山国家公园区域生态系统、植被和物种三个不同层次选取了对公园价值保护具有突出意义的七个重点对象加以评估。下面是对七个主要的评估对象主要特征和选择原因的描述。

(1) 高山生态系统。

梅里雪山高山生态系统主要指梅里地区海拔超过 4000m 的区域，该区域包括高山杜鹃、高山-亚高山灌丛、高山草甸、高山、流石滩、冰雪生态系统等。梅里雪山高山生态系统能够指示全球气候变化，保持区域生态系统稳定，防止水土流失，同时具有极丰富的生物多样性，是许多稀有动植物的栖息地，因而具有很高的科学研究价值和美学价值，是梅里雪山国家公园需要优先考虑保护的生态系统之一。

(2) 陡坡溪流系统。

梅里雪山陡坡溪流系统包括梅里雪山国家公园区域范围内澜沧江支流的河岸栖息地及水生系统和澜沧江流域段。由于这些支流几乎都是陡坡溪流系统，因而极其敏感而活跃，原则上不应允许存在任何显著的河岸开发，沿河森林也应成为梅里雪山地区一个需要特殊保护的植被类型。

(3) 硬叶常绿阔叶林。

梅里雪山地区的硬叶常绿阔叶林主要由壳斗科、川滇高山栎、川西高山栎和黄背栎等几个栎属植物树种组成，硬叶栎林，分布于海拔 2500～3700m 的范围内，人为活动干扰较少。硬叶高山栎林对于大陆板块运动和喜马拉雅抬升运动具有极高的地史及地质研究价值。此外硬叶高山栎林是当地许多鸟类和爬行及哺乳类动物的栖息场，具有极高的生态服务功能，还是松茸的主要生境。

(4) 寒温性针叶林。

梅里雪山地区的寒温性针叶林主要包括云冷杉林和少量零星分布的落叶松林，是该区域保存相对完整的自然林之一。寒温性针叶林为梅里雪山地区许多珍稀濒危植物和动物提供了生境，对于整个区域生态系统的稳定起着举足轻重的作用。其主要生态功能包括涵养水源、调节气候、保持水土、提供木材和非木林产品，为动物提供食物等，同时寒温性针叶林也是进行科学研究和环境教育的理想场所。此外，落叶松林不但有很高的景观价值，对维护高山生态系统稳定和水土流失也具有很高的价值。

(5) 中山区混交林。

在梅里雪山地区，这一植被类型内的植物物种多样性最为丰富，对整个区域生态系统的稳定起着举足轻重的作用。一些保护种类主要分布在这类群落中，如红豆杉、澜沧黄杉、秃杉、黄牡丹篦子三尖杉、云南榧树；被子植物中，如长喙厚朴、滇藏木兰、水青树。中山区混交林也是梅里雪山动物的主要栖息地，许多珍稀濒危动物也分布于此。除此之外，该系统具有涵养水源、调节气候、保持水土、提供木材和非木林产品等生态服务功能，是进行科学研究和环境教育的理想场所。由于梅里地区针阔混交林受到的人为影响干扰活动较大，局部的砍伐活动造成针阔混交林严重片段化，因此需要重点保护。

(6)有蹄类动物。

根据现有的调查资料，梅里雪山地区有蹄类动物超过 10 种，包括马麝、黑麝、喜马拉雅麝三种麝类，岩羊、矮岩羊、盘羊三种山羊，马鹿、麋鹿、苏门羚、赤斑羚等偶蹄类动物。这些物种几乎都属于濒危物种，也是该区域大型猫科动物的主要食物来源。

(7)猫科动物。

根据现有的调查资料，梅里雪山地区仍可能存在一定数量的大型猫科动物，如雪豹、豹猫等。这些大型猫科动物的栖息地分布广泛，从河边森林、山地森林，一直到高海拔高寒荒野。近年来，由于生境遭到破坏，这些大型猫科动物生存受到了严重威胁，数量下降，已经变得越来越罕见了，而根据当地人的回忆，20 年前他们仍然能经常看到这类动物。

2)评估结果

表 2-7 是采用 CAP(conservation action planning)电子表格，在利益相关者和专家的共同参与下，对上述评估对象进行的威胁评估。

表 2-7　梅里雪山国家公园威胁评估

威胁因子	评估对象	中山区混交林	硬叶常绿阔叶林	高山生态系统	寒温性针叶林	陡坡溪流系统	有蹄类动物	大型猫科动物	整体威胁排序	
来自于公园内部的威胁因子	薪柴的采集	高	高	—	低	—	—	—	高	高
	放牧	—	中等	高	—	—	中等	—	中等	
	非木质林产品	中等	中等	中等	中等	中等	—	—	中等	
	建筑用材的砍伐	高	—	—	中等	—	—	—	中等	
	社区旅游接待	高	高	—	中等	—	中等	—	高	
	无规划的社区发展	—	—	—	—	—	—	高	中等	
来自于公园外部的威胁因子（包括潜在的威胁因子）	旅游业的发展	中等	—	低	—	高	—	—	中等	中等
	水利水电开发								中等	
	矿产开发					高			中等	
	全球变暖	—	—	高	—	—	—	—	中等	
评估对象整体受威胁状况		高	高	高	中等	中等	中等	中等	高	

3)评估结果分析

从评估结果看，梅里雪山国家公园面临来自于内部的威胁要高于来自外部的威胁。4 个外部威胁因子中，全球变暖属于外部不可抗拒因素，而水利水电和矿产开发则属于潜在威胁因子，是可以加以预防和控制的，剩下的一个威胁因子——旅游业发展的总体威胁程度仅为中等；而来自内部的 6 个威胁因子的威胁程度有两个高、4 个中等。进一步分析可以发现，产生这些内部威胁的根源几乎都直接或间接来自于社区的传统生计维持或者是社区自发的、无序的旅游接待。

(1)社区传统生计对拟建梅里雪山国家公园区域构成重大威胁。

以往的调查和研究已经显示，最近的 20 年梅里雪山地区社区传统的生产、生活活动对当地自然资源和环境已构成较为严重的破坏，而其中部分对资源具有严重甚至不可挽回的破坏性利用活动，其实仅仅帮助社区获得极其有限的收成和利益。梅里雪山国家公园区域内和周边社区居民的传统生计主要依靠农业、畜牧业、林业和林产品采集业四种传统产业，而四种产业的存在和发展都依赖于对公园内自然资源的利用(章忠云，2005)。图 2-12 是梅里雪山地区社区居民传统产业对区域内主要自然资源的需求结构模式。

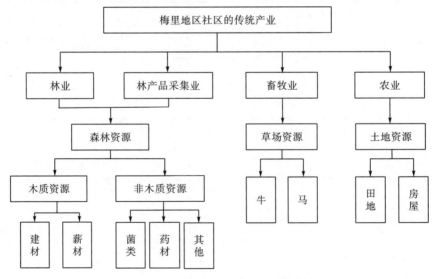

图 2-12　社区对自然资源的利用传统

资料来源：根据章忠云《云南藏族的神山信仰与村民生计方式研究——以雨崩村为例》整理而成，云南科技出版社，2005：32.

TNC 2003 年的调查显示，当地社区四大传统产业已导致了当地植被和生态功能的退化，而且严重地威胁到生物多样性，并集中体现于以下三点。

①薪材和建筑用材的过度采伐，导致林分结构的变化。

②局部地区过度放牧，破坏草地植被和资源。

③非木材林产品的过度采集，致使植被成分变化。

（2）旅游正透过社区给拟建梅里雪山国家公园区域带来大量新增资源利用压力。

1999 年后，梅里雪山以雄伟壮丽的自然风光、神奇多彩的神山崇拜宗教文化景观以及纯朴的民族风情吸引大量旅游者的到来（陈飚等，2008）。2005 年《中国国家地理·选美中国特辑》评选梅里雪山为中国最美的十大雪山之一，澜沧江梅里大峡谷为中国最美的十大峡谷之一，梅里雪山再次引起了国内外旅游者的极大关注。目前，旅游者在梅里雪山国家公园雨崩、明永、斯农等主要景区、景点的游览中，交通主要靠徒步或骑马解决；食宿则以藏民家庭旅馆居多；游玩是在社区向导的带领下，徒步或骑马观光体验。旅游业在给社区带来前所未有的发展机遇的同时，也通过社区给梅里雪山国家公园区域的资源带来巨大的利用压力。图 2-13 展示了旅游业透过社区对梅里地区自然资源构成的需求结构模式（杨子江等，2009）。

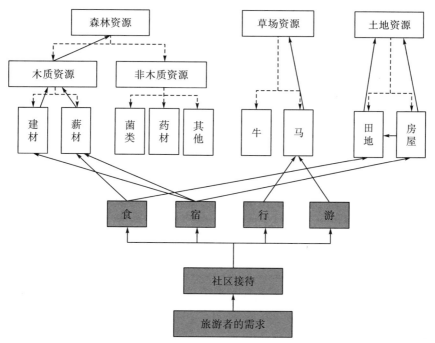

图 2-13 旅游业透过社区对梅里雪山国家公园自然资源构成的需求模式

资料来源：杨子江，杨桂华.旅游对梅里雪山雨崩村的资源利用传统影响研究[J].思想战线，2009，（3）：137-139.

根据 2008 年作者对梅里雪山国家公园最主要的景点之一雨崩村的实地调查，近年来旅游业已通过社区从以下三方面对梅里地区自然资源构成了严重威胁

(杨子江等，2009)。

①旅游带来的森林资源消耗量已经超过社区自身的消耗量。

为满足旅游者"宿"和"食"的需求而引发社区对木质森林资源新的利用。近几年来，为了满足旅游者的住宿需求，雨崩村民在原有民居的基础上不断新建和扩建家庭旅馆。根据统计，截止到2007年，雨崩下村新建4间家庭旅馆，上村新建6间家庭旅馆，上、下村总接待能力已达500个床位。受藏族传统住屋文化影响，这些家庭旅馆的建造基本都沿用了藏式传统民居的土木结构，平均每建一栋全新的50个床位的家庭旅馆大概需砍伐400~500棵树，超过村民自用住宅每栋250~450棵的建材消耗量。取平均值初步估算，9年来旅游住宿设施建设带来的建材消耗已经明显超过雨崩村自用建材的消耗量。具体详见表2-8 雨崩村自用建材与旅游用建材消耗量比较。

表2-8　梅里雪山雨崩村自用建材与旅游用建材消耗量比较

	1999~2007 建设数量／栋	年均建设量 ／(栋/年)	栋均建材消耗量 ／(棵/栋)	9年建材消耗 总量／棵
家庭旅馆	10	1.25	(400+500)/2 =450	4050
居民自用住宅	10	1.25	(250+450)/2 =350	3150

资料来源: 杨子江, 杨桂华.旅游对梅里雪山雨崩村的资源利用传统影响研究[J].思想战线, 2009, (3)：137-138.

除建材外，在梅里雪山地区藏族社区的木质森林资源消耗总量中，薪柴所占消耗比重最大，大约可占到总消耗量的 70%~80%。雨崩村要给旅游者提供烤火、吃饭、洗澡等必要的服务，都需要消耗大量薪柴。调查发现，即使在部分村民已经使用小水电、太阳能等替代能源的情况下，与1999年每天25kg左右的户均薪柴消耗量相比，2007 年雨崩村户均薪柴的消耗量已经上升至每天 30~60kg。调查显示，增加的薪柴消耗量基本可以确定来自于旅游接待消耗，旅游对薪柴的需求量已经接近村民自身的薪柴消耗。详见表 2-9 雨崩村户均每日薪柴消耗量结构分析

表2-9　梅里雪山雨崩村每日户均薪柴消耗量结构分析

	数量/(斤/户)	占薪柴消耗总量的百分比／%
户均薪柴消耗量	(60+120)/2 =90	100
自用薪柴消耗量	50	56
旅游接待用薪柴消耗量	90—50=40	44

资料来源: 杨子江, 杨桂华.旅游对梅里雪山雨崩村的资源利用传统影响研究[J].思想战线, 2009, (3)137-138.

②旅游造成社区草场资源利用压力加大。

满足旅游者"行"和"游"的需要给雨崩草场资源带来新的利用压力。牵马是目前雨崩村民旅游接待服务中收益最好的项目之一，2006 年雨崩村牵马服务共收入 60 万元，以 155 元/人的骑马费计，大概有 3900 名旅游者到雨崩骑过马。

为了满足这些旅游者的需求，雨崩村目前已喂养了 190 余匹马(骡)，而在 1999 年雨崩村马(骡)的数量仅仅是 30 匹，马(骡)数量的增长与旅游者数量的增长呈现出明显的正比关系。马(骡)数量增长的直接后果就是给雨崩村草场资源造成更大的利用压力。

③旅游导致接待社区的土地利用方式变更。

家庭旅馆的建设不但要消耗森林资源，还要占用社区宝贵的土地资源。在澜沧江梅里大峡谷，受地形地貌的限制，土地资源对半农半牧的藏族社区而言是生存的根本。然而，旅游业的发展动摇了这个根本，与雨崩类似的少数几个社区，农业、畜牧业和采集业带来的收入已难以与旅游接待获取的收益相比。受经济理性的驱动，社区居民开始自觉或不自觉地放弃部分农业生产用地，在自家耕地中建造家庭旅馆和一些配套的接待服务设施。雨崩村 10 间新建的家庭旅馆有 7 间是在农户自家耕地上建造的，剩下的 3 间也是在村庄附近的坡地上建造的。旅游侵占社区农业用地的情况十分明显。

3.对策研究

从上述评估结果及其分析可以得出，社区问题是梅里雪山国家公园面临的最大威胁和挑战所在。而要想解除上述威胁，最为直接和有效的方法就是控制、引导和促进旅游业合理、有序地发展(图 2-14)。其中的缘由有以下三点。

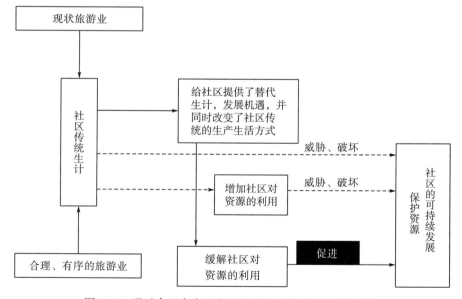

图 2-14　通过合理有序地发展旅游业消除公园面临的威胁

首先，旅游业的发展将会给社区带来新的发展机遇，改善社区的经济状况，减少贫困，从而可以从根本上去除一些由贫穷诱发的非可持续性行为。

其次，虽然目前在梅里雪山国家公园区域观察到的情况是，梅里地区旅游业给社区带来巨大经济效益的同时，也给该地区的资源带来巨大的利用压力。但如果进一步分析会发现产生这种威胁的根源在于当前该地区旅游发展的无序性，社区在沿用传统的资源利用方式满足旅游者的需求，而这并不是旅游业发展的必然结果。从以往其他国家和地区的实践经验看，科学、合理、有序地推动梅里地区旅游业发展完全有可能消除上述问题。

最后，通过旅游业的发展将有可能改变社区传统生计方式，降低社区对资源的利用压力。实际上这种情况在梅里雪山许多重要景区周边的社区中早已出现，由于社区居民从旅游业中获取的收益已经远超传统产业，社区已经把更多的注意力从传统产业转移到旅游服务业上。

2.3 梅里雪山国家公园管理目标设定

2.3.1 设定的基本思路

国家公园的管理是以目标为导向的管理，管理目标的设定不但会直接影响整个公园管理的方向和成败，还将决定公园所属国际保护地类型（IUCN，1994）。在具体设定梅里雪山公园管理目标时需要重点考虑两方面的问题：①如何与国际接轨，让公园成为符合国际操作惯例的、国际认可的国家公园；②如何结合我国国情和公园的实际情况，设定符合公园自身价值和条件的管理目标。据此，本书提出如图 2-15 所示的梅里雪山国家公园管理目标设定的基本思路。

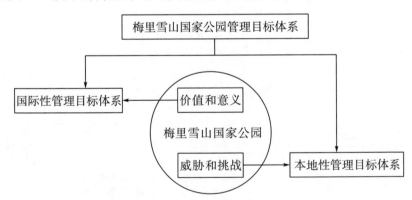

图 2-15 梅里雪山国家公园管理目标设定的基本思路

1.设定国际性管理目标体系

参照 IUCN "国家公园" 管理目标设定公园国际性管理目标体系。IUCN 保护地分类体系为世界各国保护地管理实践的经验交流提供了一套 "通用语言"，避免不同国家用不同的名字称呼那些具有相似管理目标的保护地带来的不必要的混乱，如图 2-16 所示。该体系不但证明了不同类型保护地的管理目标有可能有相同之处，而且还显示出人类保护的程度可以不同，因而具有极大的通用性，而被越来越多的国家和地区所接受，并且直接应用到几个国际性和区域性公约的实际操作中。例如，联合国国家公园和保护区名录(UN List)也将此系统作为统计世界各国保护区的数据标准，而生物多样性公约(CBD)使用的保护地工作程序(POWPA)不但认可了 IUCN 分类体系，而且鼓励签约国、其他政府和相关组织在其保护地管理中应用其分类体系(Phillips，2002)。参照 IUCN"国家公园"管理目标设定公园国际性管理目标，应该说，不但符合我国 CBD 签约国身份，顺应了世界保护地的发展潮流，还可就此明确确定拟建国家公园 IUCN 二类保护地的性质。需要说明的是，国家公园能够设定什么样的国际性管理目标主要取决于公园具有的价值。

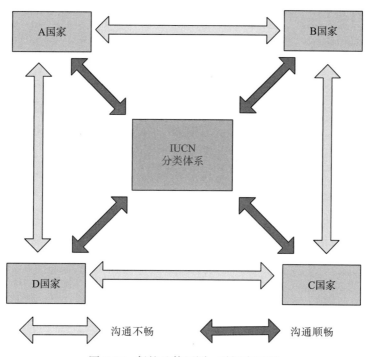

图 2-16　保护地使用同一种语言对话

资料来源：Phillips. An assessment of the application of the IUCN system of categorizing protected areas, paper prepared for the SaCL Project [EB]. www.cf.ac.uk/cplan/sacl/bkpap-categories.pdf，2002.

2.设定本地性管理目标

既然管理目标是针对国家公园未来发展的，那么就必须认识到可能影响到其未来的因素并对其加以评估。根据国家公园面临的特殊的威胁和挑战设定其本地性管理目标是完全必要和可行的，并且也符合 IUCN 的相关说明(IUCN,1994)。

2.3.2　梅里雪山国家公园管理目标体系

依据上述思路和前面对梅里雪山国家公园地区的价值分析、威胁评估，采用专家参与技术，本节最终提出下述梅里雪山国家公园管理目标体系。

1.总目标

梅里雪山国家公园以保护梅里雪山珍贵的自然资源和文化资源为根本任务。同时，梅里雪山国家公园将为公众提供休闲娱乐、环境教育和科学研究的机会，以增强人们对梅里雪山壮美风光和奇特民族文化的了解和认识。此外，梅里雪山国家公园的建设将充分重视当地社区居民的利益，通过改善社区基础设施，实行社区参与制度，发展社区医疗、教育和卫生水平，合理调整传统产业结构，减小社区对自然资源的依赖性等措施，真正实现梅里雪山资源保护和社区可持续发展的最终目标。

2.基本目标

无论是参照全球各国公园目标设定的实践经验，还是依据 IUCN 对其第二类保护地"国家公园"首要管理目标的界定，保护和旅游都应该成为梅里雪山国家公园的两个基本目标。在此基础上，考虑到梅里雪山国家公园内社区居民众多、经济发展水平滞后，对公园价值构成重大威胁的实际情况，本书提出现阶段梅里雪山国家公园还应该设立第三个基本目标"促进公园社区社会、经济全面可持续发展"，如图2-17所示。当然，这项本地性的基本目标有可能仅是一项阶段性目标，将来一旦公园社区的社会、经济状况发展到一定的水平，这项目标就应该自动失效而转变为一项责任，即公园管理局有责任与负责发展的地方机构通力合作，繁荣社区的经济和社会福利。下面是对梅里雪山国家公园三大基本目标的具体阐述。

1）保护目标

梅里雪山国家公园的保护目标可以概括为确保梅里雪山国家公园区域内现有生态系统及生物多样性不受损害；保护梅里雪山国家公园壮丽的自然景观及其美学价值；保护梅里雪山国家公园独特、神秘的人文景观价值。

2）旅游目标

梅里雪山国家公园在坚持保护梅里雪山珍贵的自然资源和文化资源不受侵害的前提下，以生态旅游的形式为中国人民和热爱中国的海外人士提供欣赏和体验云南省梅里雪山壮美的自然景观和奇异的多民族传统文化的机会。

3）社区目标

梅里雪山国家公园的社区是指梅里雪山国家公园区域和周边各民族的原著居民，包含原著聚落拥有的、受国家法律保护的土地、林地、水体、牧场等传统生产生活必需的空间领域。建设梅里雪山国家公园应在确保梅里雪山社区根本利益不受损害的基础上，为社区发展提供更大的发展机会，促进社区社会、经济和文化协调发展。另一方面，鉴于国家公园资源和价值的特殊性，社区发展目标和方向应该与国家公园综合目标体系相一致，社区发展同样不应损害国家公园的资源及其价值。

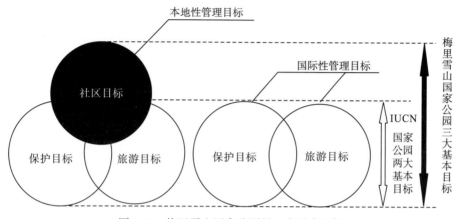

图 2-17 梅里雪山国家公园的三大基本目标

3.子目标

子目标是对基本目标具体化、明确化的阐述。本书为梅里雪山国家公园设定了 9 个一级子目标，37 个二级子目标用于进一步界定和阐述梅里雪山国家公园的三大基本目标。

1)保护目标子目标

(1)以与价值本身重要性相符的方式保护梅里雪山国家公园的重要价值。

①保护公园重要生境、生态系统和物种不受干扰。

②维护公园生态的稳定性和自然的演化。

③维护公园自然、文化的多样性。

④维护并提高公园环境质量。

⑤维护并提高公园景观质量。

⑥以与社区合作的方式保护公园文化资源。

⑦保护公园的其他重要的价值，尽量减少重要自然、文化价值的流失。

(2)修复已经退化或正在退化的资源。

①对现存/潜在威胁因素及其根源进行分析和研究。

②对公园价值造成影响的因素和影响本身进行控制和管理。

③对已退化的资源进行必要的修复。

(3)提升资源价值，巩固并提高系统活力。

①维持公园自然和文化的协调关系。

②构建相关知识体系，提升区域文化价值、研究价值。

③根据最新的信息和科学，及时进行必要且适当的价值更新，保持系统活力。

2）旅游目标子目标

(1)运用与公园自然、文化价值保护相符的方式使人们更好地认识、了解梅里雪山国家公园。

①鼓励公众进入公园中，学习、体验和欣赏公园的自然和文化遗产。

②通过多种渠道帮助公众认识和理解公园自然和人文资源价值，发挥旅游对公众的教育功能，提高公众对公园价值的认同感。

③鼓励公众积极参与公园的管理工作，帮助公园获取最广泛的支持。

(3)满足旅游者合理需求，提高游客体验度。

①鼓励公园提供与其自然和文化资源价值相符的旅游产品和服务。

②重视旅游者的体验价值，确保旅游者对游憩机会和设施的可得性、提供的各种服务和在梅里雪山国家公园内的体验质量有较高满意度。

③提供针对大众旅游者的高品质且易得的旅游产品和服务。

④提供满足特定旅游者合理需求的旅游产品。

⑤确保旅游者在旅游过程中的人身财产安全。

(2)尽量减少旅游对公园社会、文化、经济和生态方面的负面影响。

①对公园的人为利用进行可持续管理，如有必要，可对社会和环境影响进行必要的界定，使它们不会对管理目标产生过大影响。

②引导游客以负责的方式，合理使用公园提供的产品和服务，以保护公园的价值。

(4)促进地方经济发展。

①改善当地和区域的经济。

②为当地商业和就业提供机会。

③创造更多收入，用于公园的养护。

3）社区目标子目标

(1)保护社区的根本利益，促进社区发展。

①保护梅里雪山国家公园内社区的根本利益不受损害。

②在不损害国家公园的资源和价值的前提下，公园管理局有责任为社区建设与环境相容的基础设施、公共服务设施，为社区发展提供条件。

③简化社区参与程序，鼓励参与保护区资源的保护和开发。

④帮助社区发展与环境和谐的生活方式。

⑤帮助社区建立旅游企业与社区的合作关系。

⑥正确处理旅游开发过程中社区内外部的各种关系。

⑦保持社区的和谐与稳定，促进社区社会、经济和文化协调发展。

(2)提高社区对公园和自身价值的认识。

①运用多种方式展示"国家公园"，培养社区对它的了解、认可，进而支持对"国家公园"实施的保护。

②培养"国家公园"对社区重要的、不可缺少作用，使社区参与到公园的保护中。

③对社区自身的价值进行界定、保护，在适当的地方用社区接受的方式将这些价值展示给游客和其他社区。

④提高社区对自身价值保护的参与程度，通过自发组建民间组织，实现对社区价值的保护。

表 2-10 是梅里雪山国家公园管理目标体系总览表。

表 2-10　梅里雪山国家公园管理目标体系总览表

总目标	基本目标	一级子目标	二级子目标
实现梅里雪山地区可持续发展	保护目标	以与价值本身重要性相符的方式保护梅里雪山国家公园的重要价值	保护公园重要生境、生态系统和物种不受干扰
			维护公园生态的稳定性和自然的演化
			维护公园自然、文化的多样性
			维护并提高公园环境质量
			维护并提高公园景观质量
			以与社区合作的方式保护公园文化资源
			保护公园的其他重要的价值，尽量减少重要自然、文化价值的流失
		修复已经退化或正在退化的资源	对现存/潜在威胁因素及其根源进行分析和研究
			对公园价值造成影响的因素和影响本身进行控制和管理
			对已退化的资源进行必要的修复
		提升资源价值，巩固并提高系统活力	维持公园自然和文化的协调关系
			构相关知识体系，提升区域文化价值、研究价值
			根据最新的信息和科学；及时进行必要且适当的价值更新，保持系统活力
	旅游目标	运用与公园自然、文化价值保护相符的方式使人们更好地认识、了解梅里雪山国家公园	鼓励公众进入公园中，学习、体验和欣赏公园的自然和文化遗产
			通过多种渠道帮助公众认识和理解公园自然和人文资源价值，发挥旅游对公众的教育功能，提高公众对公园价值的认同感
			鼓励公众积极参与公园的管理工作，帮助公园获取最广泛的支持
		满足旅游者合理需求，提高游客体验度	鼓励公园提供与其自然和文化资源价值相符的旅游产品和服务
			重视旅游者的体验价值，确保旅游者对游憩机会和设施的可得性、提供的各种服务和在梅里雪山国家公园内的体验质量有较高满意度
			提供针对大众旅游者的高品质且易得的旅游产品和服务

总目标	基本目标	一级子目标	二级子目标
	旅游目标	满足旅游者合理需求，提高游客体验度	提供满足特定旅游者合理需求的旅游产品
			确保旅游者在旅游过程中的人身财产安全
		尽量减少旅游对公园社会、文化、经济和生态方面的负面影响	对公园的人为利用进行可持续管理，如有必要，可对社会和环境影响进行必要的界定，使它们不会对管理目标产生过大影响
			引导游客以负责的方式，合理使用公园提供的产品和服务，以保护公园的价值
		促进地方经济发展	改善当地和区域的经济
			为当地商业和就业提供机会
			创造更多收入，用于公园的养护
	社区目标	保护社区的根本利益，促进社区发展	保护梅里雪山国家公园内社区的根本利益不受损害
			在不损害国家公园的资源和价值的前提下，公园管理局有责任为社区建设与环境相容的基础设施、公共服务设施，为社区发展提供条件
			简化社区参与程序，鼓励参与保护区资源的保护和开发
			帮助社区发展与环境和谐的生活方式
			帮助社区建立旅游企业与社区的合作关系
			正确处理旅游开发过程中社区内外部的各种关系
			保持社区的和谐与稳定，促进社区社会、经济和文化协调发展
		提高社区对公园和自身价值的认识	运用多种方式展示"国家公园"，培养社区对它的了解、认可，进而支持对"国家公园"实施的保护
			培养"国家公园"对社区重要的、不可缺少作用，使社区参与到公园的保护中
			对社区自身的价值进行界定、保护，在适当的地方用社区接受的方式将这些价值展示给游客和其他社区
			提高社区对自身价值保护的参与程度，通过自发组建民间组织，实现对社区价值的保护

2.4　本　章　小　结

　　国家公园的管理是以目标为导向的管理，管理目标的设定不但会直接影响整个国家公园管理的方向和成败，还将决定其所属国际保护地类型（IUCN，1994），因此如何设定梅里雪山国家公园的管理目标是一个至关重要的问题。

　　从理论上分析，设定国家公园管理目标有两条基本的逻辑线索，即"价值—目标"和"约束—目标"。依据"价值—目标"逻辑线索，国家公园管理目标的设定是围绕着如何保护公园的"本征价值"、合理实现公园的"功能价值"展开的，深入地理解和认识国家公园的价值是设定公园管理目标的前提和基础；依据"约束—目标"逻辑线索，国家公园管理目标的设定还应该基于国家公园当前状态、面临的特殊威胁和挑战等可能影响到其未来状况的因素的分析和评估。从实践经验看，"自然保护"和"公众的游憩利用"是 IUCN、不同国家和地区公认的两个国家公园基本(首要)管理目标，是判别某一保护地是否属于IUCN 二类保护地"国家公园"的主要依据(IUCN，1994)。

　　基于上述分析和认识，本书提出了适于我国国情的国家公园管理目标体系设定的基本思路，根据该思路，国家公园管理目标将由国际性管理目标和本地性管理目标两大部分组成。其中，国际性管理目标设定主要是参照 IUCN 对国家公园管理目标的界定，依据其内在价值加以设定，而本地性管理目标的设定，则主要取决于其面临的具体威胁和挑战。

　　基于对梅里雪山国家公园的价值和威胁的深入分析和评估，依据前面提出的管理目标设定思路，本书最终构建出由 1 个总目标、3 个基本目标、9 个一级子目标、37 个二级子目标组成的梅里雪山国家公园管理目标体系。

第3章 梅里雪山国家公园功能分区方法研究

功能分区是实现国家公园管理目标的重要手段，国家公园功能分区的方法设计理应围绕着国家公园的管理目标展开。从第2章的分析可以看出，由于国情不同，我国国家公园的管理目标必然与其他国家的国家公园存在明显差别，国外现有的分区理论框架或方法必然不能直接适用于我国国家公园的功能区划。本章的根本任务就是探索一种适合我国国情的、有助于我国国家公园管理目标实现的功能分区方法。基于国家公园功能分区问题本质上是一个多目标约束下的土地属性评估决策问题的认识(Geneletti et al., 2008)，本章尝试把融合 GIS 技术的多目标、多属性决策方法引入到国家公园的功能分区方法设计中，构建一套"基于多准则决策的国家公园功能分区方法"，并最终采用该方法完成梅里雪山国家公园功能分区方案的设计和优选。

3.1 多准则决策的理论与方法

3.1.1 基本理论

决策是人们日常生活的一部分，不论是个人、企业还是大型的工程系统、社会经济系统都面临各种决策问题的处理，而且往往还需要遵循一系列相互矛盾的准则。例如，新建一个项目或者是制订生产计划，都希望产出高、投入少、收益大、污染少等，在对方案进行分析与选择时，就需要从多个方面进行评价与选择。因而，多准则决策问题是广泛存在的。

多准则决策(multiple criteria decision making，MCDM)问题最早可以追溯到法国经济学家Pareto于1896年从政治经济学角度提出的Pareto最优。但直到1951年 Koopmans 才把有效点的概念引入决策领域，同年 Kuhn 和 Tucker 从数学规划角度提出了向量极值问题，并且给出了一些基本定理。从此多准则决策逐渐受到人们的关注，并在理论研究、求解方法和应用方面都取得了重大的进展，逐步作为规范的决策方法引入决策科学领域(杨雷，2000)。1972 年 Cochrane 和 Zeleny 主持召开的多准则决策国际会议被普遍认为是多准则决策发展的重要标志。到

20 世纪 70 年代末期，多准则决策已经成为运筹学、管理科学(OR/MS)中的一个最有动力的并且广泛应用的领域之一(徐玖平等，2006)。

多准则决策由多目标决策(multiple object decision making，MODM)和多属性决策(multiple attributes decision making，MADM)两个重要部分组成。通常认为决策对象是连续的、有无限数量备选方案的多准则决策是多目标决策，这类问题正是多目标数学规划问题，多用于方案设计，也有人称之为多目标优化；决策对象是离散的、备选方案是有限个的多准则决策则是多属性决策，多用于评价和方案选择。多目标决策问题中的方案没有事先给定，决策者需要考虑如何在有限资源的限制条件下，找到一个最佳的方案；而多属性决策问题主要考虑如何在已经确定好的有限数目的备选方案中进行选择。二者不同的特征如表 3-1 所示。

表 3-1 多目标决策与多属性决策

	多目标决策	多属性决策
准则形式	目标	属性
准则特征	明确的目标，与决策变量直接联系	隐含的目标，与方案不直接联系
约束条件	变动，以显式给出	不变动，合并到属性中
方案特征	无限数目，连续，产生方案	有限数目，离散，预定方案
适用范围	设计问题	选择/评价问题

资料来源：徐玖平，吴巍.多属性决策的理论与方法[M].北京：清华大学出版社，2006.

同作为多准则决策问题的重要组成部分，多属性决策和多目标决策的共性主要表现在两者对事物好坏的判断准则都不是唯一的，且准则与准则之间常常会相互矛盾；此外，不同的目标或属性通常有不同的量纲，因而是不可比较的，必须经过某种适当的变换之后才具有可比性。

3.1.2 多目标决策方法

多目标决策问题的研究最早可以追溯到1772 年，当时 Franklin 提出多目标矛盾如何协调的问题。1836 年 Cournot 从经济学角度提出了多目标问题的模型。1896 年 Pareto 首次从数学角度提出了多目标最优决策问题，但其真正的发展则在半个多世纪以后。其进展的主要标志是 Kunn 与 Tucker 于 1951 年提出向量最优化问题的最优性条件和 20 世纪 60 年代得到迅速发展的多属性效用理论。此后，多目标决策问题的求解方法得到迅速发展，多目标决策问题日益受到人们的重视，并逐渐应用到各个领域(徐玖平等，2005)。

传统的多目标决策的研究仅仅局限在确定多目标决策问题中进行考虑，但实际情况告诉我们，不确定性是决策问题中存在的普遍现象，确定性多目标决策模型往往与实际情况存在较大的差别。随着人们对不确定性认识的逐渐深入，对随机多目标决策和模糊多目标决策问题的研究也逐渐展开。

在多目标决策中，根据决策者给出偏好信息的方式，可以将计算方法大致分为三类，如图 3-1 所示。

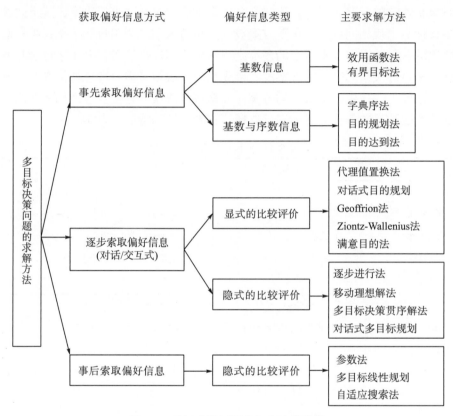

图 3-1　目标决策问题求解方法分类图

资料来源：岳超源.决策理论与方法［M］.北京:科学出版社，2003.有改动

3.1.3 多属性决策方法

多属性决策的研究已有半个多世纪。1957 年，Hurchman、Ckoff 和 Aronff 等就开始使用简单加权法来处理多属性决策问题。1968 年 MacCrimmon 在总结多属性决策方法和运用时，继续研究了许多潜在的有用概念和方法。1973 年，在文献中加入了更多的方法，并且按照方法的结构、补偿性、输入偏好等进行了划分。20 世纪 70 年代，多属性效用理论迅速发展，更加快了多属性决策的研究。现在，确定型多属性决策理论与方法的研究已经比较详尽，随着研究的深入，不确定型多属性决策理论的研究越来越受到重视(王金赞，2007)。

1.多属性决策的基本方法

多属性决策的基本方法根据决策者对决策问题提供的偏好信息的不同，可归纳为无偏好信息的方法、有属性偏好信息的方法和有方案偏好信息的方法。其中，无偏好信息方法主要有属性占优法、最大最小法、最大最大法等具体的求解方法；有属性偏好信息方法又分为标准水平法、序数偏好法、基数偏好法、边际替代法、淘汰选择法、排序组织法等，其各自又有许多具体的求解方法；有方案偏好信息方法主要包括相互偏好方法和相互比较方法，这两者又有各自的具体求解方法。常用的多属性决策的基本方法分类如表 3-2 所示。

表 3-2　多属性决策的基本方法分类表

决策者给出的信息类型	信息特征	主要方法
无偏好信息		属性占优法、最大最小法、最大最大法
有属性偏好信息	标准水平、序数、基数、边际替代率	联合法、分离法、字典法，删除法、排列法、线性分配法、简单加权法、TOPSIS 法、ELECTRE 法，PROMETHEE 法、层次支付法
有方案偏好信息	相互偏好、相互比较	LINMAP 法、交互简单加权法、多维测度法

2.多属性决策的综合方法

以上介绍的多属性决策基本方法都是基于单种来源信息的方法，而如层次分析法、蒙特卡罗法和数据包络分析以及多属性决策敏感性分析等方法则是对多属性决策基本方法的综合应用。由于综合考虑了多种来源信息，因此它们常作为综合方法来处理较为复杂的决策问题。下面重点介绍本章所采用的层次分析法。

层次分析法(analytic hierarchy process, AHP)是一种实用、有效的决策思维方法，由美国运筹学家 Satty 于 20 世纪 70 年代初提出。从本质上看，它是人类对复杂问题层次结构理解的形式化，并以其实用、简洁和系统等优点受到广泛重视，迅速地应用到各个领域的多属性决策问题中。多属性决策中使用层次分析法的关键点是使决策者形象化地使用属性层次结构来构造复杂的多属性决策问题成为可能，对于复杂和较大的递阶层次结构问题，使用层次分析方法更具有操作性(徐玖平等，2006)。

在层次分析法中，通过构造层次结构和比率分析可以将各属性上决策者定性的判断与定量的分析结合起来，整个过程合乎人类决策思维活动的要求，大大提高了决策的有效性和机动性。

其基本思路是：把系统各因素之间的隶属关系由高到低排成若干层次，建立不同层次因素之间的相互关系；对每一层次因素的相对重要性程度给予定量表示；利用数学方法，确定每一层次全部因素的相对重要程度的权值；通过排序对问题进行分析和决策。

层次分析法的具体应用步骤如下。

1）建立问题的递阶层次结构

在深入分析实际问题的基础上，将有关的各个因素按照不同属性自上而下地分解成若干层次，同一层的诸因素从属于上一层的因素或对上层因素有影响，同时又支配下一层的因素或受到下层因素的作用。最上层为目标层，通常只有 1 个因素，最下层为方案层，中间可以有一个或几个层次，通常为准则层。当准则过多时应进一步分解出子准则层。一般形式如图 3-2 所示。

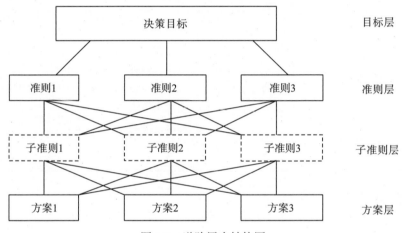

图 3-2　递阶层次结构图

2）构造两两比较矩阵

比较矩阵是下层各指标对上层指标相对重要性的比较，或各方案对某指标的效用矩阵。建立递阶层次结构后，上下层次因素之间的隶属关系就确定了。从层次结构的第 2 层开始，对于从属于(或影响)上一层每个因素的同一层诸因素，用成对比较法和 1～9 比较尺度构成两两比较矩阵。

构造比较矩阵的具体方法为：设对于准则 H，其下一层有 n 个因素 A_1，A_2，$\cdots$，A_n。以上一层的因素 H 作为判断准则，对下一层的 n 个要素进行两两比较来确定矩阵的元素值，其形式如下

H	A_1	A_2	$\cdots$	A_j	$\cdots$	A_n
A_1	a_{11}	a_{12}	$\cdots$	a_{1j}	$\cdots$	a_{1n}
A_2	a_{21}	a_{22}	$\cdots$	a_{2j}	$\cdots$	a_{2n}
$\vdots$	$\vdots$	$\vdots$		$\vdots$		$\vdots$
A_i	a_{i1}	a_{i2}	$\cdots$	a_{ij}	$\cdots$	a_{in}
$\vdots$	$\vdots$	$\vdots$		$\vdots$		$\vdots$
A_n	a_{n1}	a_{n2}	$\cdots$	a_{nj}	$\cdots$	a_{nn}

其中，$a_{ii}=1$；$a_{ij}=1/a_{ji}$；$a_{ij}=A_i/A_j$ 表示 A_i 对 A_j 的相对重要程度，为量化比较矩阵，Saaty 给出了如下标度，如表 3-3 所示。

表 3-3　层次分析法中的判断尺度

判断尺度	定义
$a_{ij}=A_i/A_j=1$	对 H 而言，A_i 和 A_j 同样重要
$a_{ij}=A_i/A_j=3$	对 H 而言，A_i 比 A_j 稍微重要
$a_{ij}=A_i/A_j=5$	对 H 而言，A_i 比 A_j 重要
$a_{ij}=A_i/A_j=7$	对 H 而言，A_i 比 A_j 重要得多
$a_{ij}=A_i/A_j=9$	对 H 而言，A_i 比 A_j 绝对重要
$a_{ij}=A_i/A_j=2,4,6,8$	介于上述两个相邻判断尺度之间

3）进行层次单排序，并进行一致性检验

对于每一个两两比较矩阵，计算其最大特征根和对应特征向量，有多种计算方法。多使用方根法进行，步骤如下。

计算判断矩阵每行元素的乘积，即

$$M_i = \prod_{j=1}^{n} a_{ij}, \quad i=1,\cdots,n$$

计算 M_i 的 n 次方根，即

$$\overline{W_i} = \sqrt[n]{M_i}$$

对上步计算结果进行归一化处理，即

$$W_i = \frac{\overline{W_i}}{\sum_{j=1}^{n} \overline{W_i}}$$

$W = (w_1, w_2, \cdots, w_n)^{\mathrm{T}}$ 就是比较矩阵特征向量的近似值，也就是各因素的相对权重值。

4）计算比较矩阵的最大特征根

$$\lambda_{\max} = \sum_{i=1}^{n} \frac{AW}{nW_i}$$

其中，AW 为比较矩阵 A 与向量 W 的乘积；$(AW)_i$ 为向量 AW 的第 i 个元素。

然后，利用下式对计算结果进行一致性检验。一致性检验的指标为一致性比例 CR，其定义为

$$\mathrm{CR} = \frac{\mathrm{CI}}{\mathrm{RI}}$$

其中，$\mathrm{CI} = \frac{\lambda_{\max} - n}{n - 1}$；RI 为平均随机一致性指标，此值与矩阵的阶数有关，可按表 3-4 所列值计算。

表 3-4   层次分析法的平均随机一致性指标

阶数 n	3	4	5	6	7	8	9	10	11	12	13	14	15
RI	0.52	0.89	1.12	1.26	1.36	1.41	1.46	1.49	1.52	1.54	1.56	1.58	1.59

若检验通过，归一化后的特征向量就是权向量。

5）进行层次总排序，并进行总排序的一致性检验

在计算了各层次要素对其上一级要素的相对重要度以后，即可自上而下地求出各层要素对于系统总体的综合重要度（也称为系统总体权重），计算过程如下。

设有目标层 A、准则层 C、方案层 P 构成的层次模型，准则层 C 对目标层 A 的相对权重为

$$\overline{W}^{(1)} = (w_1^{(1)}, w_2^{(1)}, \cdots, w_k^{(1)})^{\mathrm{T}}$$

方案层 n 个方案对准则层各准则的相对权重为

$$\overline{W}_l^{(1)} = (w_{l1}^{(2)}, w_{l2}^{(2)}, \cdots, w_{lk}^{(2)})^{\mathrm{T}}, \quad l = 1, 2, \cdots, n$$

这 n 个方案对目标而言，其相对权重是通过权重 $\overline{W}^{(1)}$ 与 $\overline{W}_l^{(2)}(l = 1, 2, \cdots, n)$ 组合而得到的，其计算可采用表格式进行，如表 3-5 所示。

表 3-5　层次分析法综合重要度的计算

P 层 ＼ 权重 ＼ C 层	因素及权重 $C_1\ C_2\ \cdots\ C_k$ $w_1^{(1)} w_2^{(1)} \cdots w_k^{(1)}$	组合权重 $V^{(2)}$
P_1	$w_{11}^{(2)} w_{12}^{(2)} \cdots w_{1k}^{(2)}$	$v_1^{(2)} = \displaystyle\sum_{j=1}^{k} w_j^{(1)} w_{1j}^{(2)}$
P_2	$w_{21}^{(2)} w_{22}^{(2)} \cdots w_{2k}^{(2)}$	$v_2^{(2)} = \displaystyle\sum_{j=1}^{k} w_j^{(1)} w_{2j}^{(2)}$
$\vdots$	$\vdots$	$\vdots$
P_n	$w_{n1}^{(2)} w_{n2}^{(2)} \cdots w_{nk}^{(2)}$	$v_n^{(2)} = \displaystyle\sum_{j=1}^{k} w_j^{(1)} w_{nj}^{(2)}$

这时得到的 $V^{(2)} = (v_1^{(2)}, v_2^{(2)}, \cdots, v_n^{(2)})^{\mathrm{T}}$ 为 P 层各方案的相对权重，可根据 v_i 选择满意方案。

3.2　"基于多准则决策的国家公园功能分区方法"设计

"基于多准则决策的国家公园功能分区方法 (multi-criteria mational park zoning method)"是本书在总结国外国家公园功能分区理论框架或方法的设计思想的基础上，结合我国国情和梅里雪山的实际需要，提出的分区方法。该方法以国家公园的管理目标为基础，集合多目标、多属性决策方法和基于 GIS 技术的土地适宜性分析方法发展而成。该方法的最大特色在于集中体现了"4 个多"，即最大限度地同时统筹兼顾了国家公园相互冲突的多个管理目标，考虑了影响目标实现的多种因素，模拟多种情景，突出强调了公园分区多方案的比较和优选。

3.2.1　流程安排

完整的"基于多准则决策的国家公园功能分区方法"包括图 3-3 所示的 5 个主要流程。

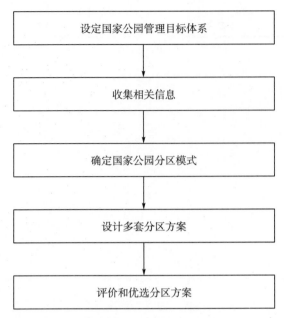

图 3-3   基于多准则决策的国家公园功能分区方法流程图

3.2.2 步骤说明

1.设定国家公园的管理目标体系

国家公园的管理是以目标为导向的管理，管理目标既是公园管理方向的指引，也是检验公园管理成效的标准。合理地设定某一国家公园的管理目标无疑是展开国家公园功能分区工作的前提和基础。依据第 2 章中的相关论述，设定某一国家公园的管理目标要按照下面的三个主要步骤进行。

1)设定国家公园国际性管理目标体系

根据 IUCN 保护地分类体系的相关说明，国家公园管理目标是识别其性质和所属保护地类型的根本性依据。因此在设定具体某一国家公园管理目标时应首先依据 IUCN 对国家公园的相关界定，按照"价值—管理目标"线索为其设定符合国际惯例的管理目标，以此明确其在国际保护地分类体系中的地位。

2)设定国家公园本地性管理目标体系

充分考虑国家公园和所在地区的实际情况，分析其基本价值和面临的主要威胁及基本矛盾，按照"约束—管理目标"线索，设定有针对性的本地性管理目标。

3)构建国家公园管理目标体系

深入分析国家公园国际性和本地性管理目标间的内在联系，本着简明扼要的原则，构建其管理目标体系。

2.系统收集公园自然和社会方面数据资料

尽可能系统地收集国家公园自然和社会方面的数据资料。其中自然方面的数据资料分为自然生物和自然非生物方面的信息；社会方面的数据包括旅游统计信息、社会居民信息等。数据资料是科学决策必不可少的依据，最理想的状况是建立一套完整的数据库，如果一时难以备齐，可首先偏重于收集与国家公园主要管理目标密切相关的信息。

3.设计拟建国家公园的分区模式

设计拟建国家公园分区模式的基本原则是在合理借鉴国外国家公园分区模式的经验基础上，结合拟建国家公园的实际情况，设计能够涵盖公园管理目标体系的公园分区模式。

4.设计多套分区方案

把设计好的分区模式指定到国家公园特定地理空间，依据不同情境模拟形成多套分区方案是本方法的重点和难点环节。其基本原理如下：进一步分析和界定国家公园各管理目标的内涵，分析和梳理影响目标实现的影响因子，在相关领域专家的协助下，把这些因子以恰当的方式转化到空间可操作层面上，并对数据加以标准化。利用融合 GIS 技术的多准则分析和决策技术进行单目标、多因子的适宜性分析和评价，完成国家公园单目标适宜性评价图。在此基础上，根据对不同利益相关群体的调查和分析，确定目标间不同权重组合，模拟不同利益相关群体对国家公园未来发展情景的看法。根据目标间不同权重组合叠加单目标适宜性分析图，得到多张模拟不同情景的综合性适宜性评价图和与之对应的多套分区方案。下面是对其中一些重要步骤的具体说明。

1)确定目标影响因子及其权重

分析国家公园各项管理目标的具体内涵和外延，就不同目标，向不同领域的专家咨询并获取意见，选出目标实现的影响因子。采用专家小组参与技术，确定因子权重。确定权重的具体方法可采用 Satty 于 1980 年提出的层次分析法，先使用一个 1~9 的潜在连续尺度(表 3-6)，就某一目标估计因素的两两相对重要性，然后通过计算矩阵的特征向量和最大特征值来获得权重值 (Malczewski et al., 2003)。

表 3-6　因素重要性比较评价标尺

1/9	1/7	1/5	1/3	1	3	5	7	9
极	非常	很	中等	同等	等	很	非常	极
不重要								重要

2)完成单目标适宜性评价

利用融合 GIS 的多目标分析和决策方法，完成国家公园各个单一管理目标适宜性分析和评价，得到其各个管理目标单独的适宜性程度评价图。其中基于 GIS 的多目标决策分析法发挥的核心作用在于如何将不同标准的信息结合起来形成一个单一的评价指标。具体可通过 Boolean 系数整合的方法（式(3-1)）先赋予各因子权重，然后整合一系列连续的因子，总结其结果从而形成适宜性地图（Eastman, 2001; Malczewski, 2000），公式为

$$S = \sum_{i=1}^{n} w_i x_i \prod_{j=1}^{m} c_j \tag{3-1}$$

其中，S 为适合性；w_i 为因子 i 的权重；x_i 为因子 i 的标准分数；c_j 为约束因子 j 的标准分数（1 分或 0 分）。

此外，由于衡量标准的不同尺度，所以在综合分析这些因素之前需要将这些因子标准化，必要的话还必须进行改变，从而使得所有因子图是适宜的正相关或负相关。在本书中通过 IDRISI 程序，使用模糊量化指标把标准规范在了 0～255 字节（Eastman, 2001）。

3)模拟不同情境，形成多套分区方案

情景分析（scenario analysis）是环境预测和规划的一种基本方法。其"情景"的含义是指事物未来发展态势的描述（宗蓓华，1994）。在国家公园的功能区划中，可以通过调查和分析，掌握国家公园不同利益相关者群体对其未来发展的看法，并据此计算出多套国家公园管理目标间的权重组合。把单目标适宜性分析图依据不同权重组合覆盖在 IDRISI 地理信息系统环境之上，叠加地图，可以得到与给出该权重组合的利益相关群体观点相一致的综合适宜性评价图。针对设计好的国家公园分区模式，在 GIS 中使用 K 均值聚类分析（Malczewski et al., 2003），把综合适宜性评价图分为几个不同的区域，形成分区方案。由于各利益相关群体对国家公园未来发展持有不同的看法，其管理目标间的权重组合表现也各不相同，因而最终可得到多套分区方案。

5.评价和优选分区方案

1)设定评价标准

针对不同国家公园管理目标运用保护生物学、景观生态学、游憩管理等相关理论，结合其实际情况，设定国家公园分区方案的评价标准。

2)优选分区方案

使用多属性决策中的层次分析法，把国家公园管理目标体系结构、评价标准和分区方案予以展开，求得目标与分区方案的计量关系，选出最优分区方案。

3.2.3　方法路径

完整的基于多准则决策的国家公园功能分区方法的实现路径如图 3-4 所示。

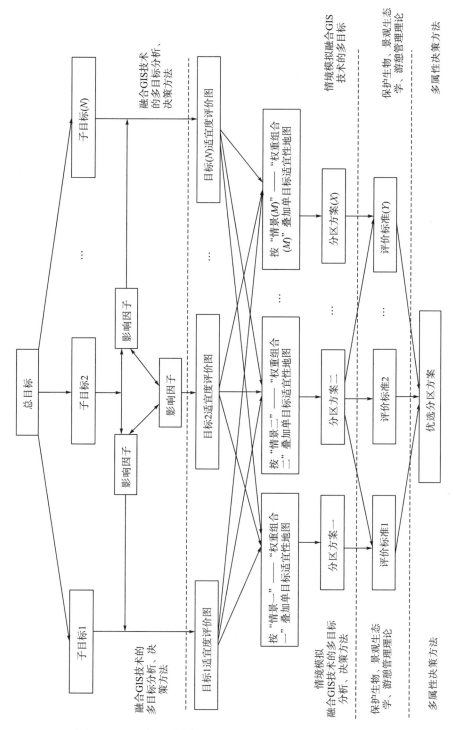

图 3-4　基于多准则决策的国家公园功能分区方法实现路径

3.3 梅里雪山国家公园功能分区多方案设计

3.3.1 分区模式设定

依据即将出台的《云南省国家公园规划建设技术标准》，参照美国、加拿大、日本、韩国国家公园分区模式(见附录 3-1)，结合梅里雪山国家公园的实际情况，本书最终把梅里雪山国家公园功能分区系统划分为严格保护区、生态保育区、游憩展示区、一般管制区四大基本分区，如表 3-7 所示。从严格保护区到一般管制区，保护程度逐渐降低，可利用程度、公众可进入性逐渐增强。

1.严格保护区

严格保护区(Ⅰ区)保护要求最高，不允许任何形式的人类利用。该区应有以下一项或几项特征。

(1)为濒危或珍稀野生动植物栖息地。

(2)含有重要并脆弱的生态系统类型。

(3)能代表所属区自然特征最好的样本区域。

(4)人类存在会对视觉景观造成重大影响的公园重要视觉景观资源。

(5)无人类扰动，或有文化禁忌，不能进入的区域。

2.生态保育区

生态保育区(Ⅱ区)是严格保护区的缓冲空间，在维护生态系统完整性上具有重要价值，保护要求稍次于第一区。在管理上，该区通常允许少量的游憩和其他对自然影响较小的人类活动，备有简单的游憩设施，包括小径、路标、原始的掩蔽处、气象研究站等。其区域应具有如下特征。

(1)能够很好地代表一个自然区域并且保留有荒野状态的广大地区。

(2)国家公园内需要重点保护的陆地和水域，具有重要的自然资源和生态过程。

(3)国家公园内需要重点保护的宗教和文化遗迹。

第Ⅰ区和第Ⅱ区应共同构成梅里雪山国家公园的主体保护区域，对保护梅里雪山国家公园生态系统的完整性贡献最大。

3.游憩展示区

游憩展示区(Ⅲ区)允许在一定限制条件下开展一定规模的游憩利用。在这一区域内的游憩和其他人类活动不得改变原有的自然景观、地形地貌，不允许建设与自然景观相冲突的建筑物，需限定环境的游憩容量。该区通常具有优美的自然景色，允许的游憩活动类型较第Ⅱ区更多样化，可以容纳的游客数量更多。

4.一般管制区

一般管制区是指国家公园区域内不属于上述三大分区的土地与水面。在管理上该区又可细分为两个亚区：其一，维持社区原有土地利用形态，满足当地居民生存、生活需要的传统利用亚区（IV区）；其二，为管理者和游客提供相对密集设施和服务的公园服务亚区（V区）。

表3-7　梅里雪山国家公园功能分区模式

分区名称		划分的主要目的
严格保护区（I区）		保护原始生态系统和敏感生态系统
生态保育区（II区）		生态系统保护缓冲，重要生态系统和文化、宗教遗迹保护
游憩展示区（III区）		游憩利用，缓解原始或天然地带的经济压力
一般管制区	传统利用亚区（IV区）	维持社区传统土地利用形态和传统生计
	公园服务亚区（V区）	为管理者和游客提供集中设施和服务的区域

3.3.2　单目标适宜性评价

本书在第2章中构建的梅里雪山国家公园管理目标体系包括1个总目标、3个基本目标、9个一级子目标和37个二级子目标。考虑到研究可操作性和数据的可得性，本书把梅里雪山国家公园的三个基本目标"保护目标、社区目标和旅游目标"选定为功能分区单目标适宜性评价的目标层。对上述三个基本目标及其子目标的内涵和影响因子分析将成为梅里雪山国家公园功能分区单目标适宜性评价的主要依据。

选择影响因子及确定其权重，采用的是专家小组参与技术，就各个不同目标，向不同领域的专家咨询并获取意见（Eastman, 2001）。梅里雪山国家公园区域的行政区划、水文、道路、村庄等电子地图由各级政府部门提供，等高线数据采用的是中国国家测绘局提供的25米精度数字高程（DEM）数据，而植被、土地利用、珍稀动植物、神山圣迹和景观资源等数据则来自于早期调查（云南大学旅游研究所，2008；Zhang et al., 2008），所有这些数据将转化为30m网格大小的GIS地图用于进一步处理。

对梅里雪山国家公园保护、旅游和社区目标适宜性分析及评价的结果是三张适宜性评价图，分别为梅里雪山国家公园旅游目标适宜性评价图、梅里雪山国家公园社区目标适宜性评价图和梅里雪山国家公园保护目标适宜性评价图。

1.保护目标影响因子分析及适宜性评价

1）保护目标影响因子分析

对于保护目标、保护对象及其相应分布，在前期的研究中已被确定（TNC, 2003）。高山复合体包括高原冰川、杜鹃灌木、草甸以及高原剖面；森林系统包括冷杉和云杉林、混交林、硬叶常绿阔叶林、澜沧黄杉林、干香柏林等（欧晓昆等，2006），所有这些保护对象均可落实到植被覆盖图（Zhang et al., 2008）。另外，通过专家参与技术，一套被认为与保护对象相关的影响因素也被发展起来，如公路的宽度、离村庄的距离、距河流的距离、海拔等，如表 3-8 所示。另外，按照宽度，可将道路分为不同等级，公路(道宽在 6m 以上)、乡村公路(道宽为 2~6m)、乡间小道(道宽在 2m 以内)。

表 3-8　保护对象影响因素简述

代码	影响因素	描述
DV	与村庄的距离	有效保护措施的采取，其中一个关键的因素是与干扰源的距离(如村庄、城镇和道路)(Valente et al., 2008)。保护对象离村庄越近，受到当地居民影响的风险就越高
ALT	海拔	一般来说，海拔越高，可进入性越低，受到的干扰越少
DR	与河流的距离	小溪/河流具有生态重要性，影响着动物群的移动和植被分布(Eastman, 2001)。特别地，在梅里雪山国家公园，沿着小河和溪流发现了一些濒临灭绝的植被
DB	与公路的距离	公路在直接和间接两个方面影响着生态系统和景观。直接影响包括对栖息地和林地的减少，间接影响指生态系统和景观的破坏和退化。而且，保护对象离公路的距离越近，受到干扰的可能性更大，受到的影响更强烈
DVR	与乡村道路的距离	在梅里雪山国家公园，与公路相比，乡村道路的影响不如公路的影响那么大
DT	与小道的距离	显然，在梅里雪山国家公园，小道的影响要远远低于大公路和乡村公路

2)保护目标影响因子权重设定

在 IDRISI 软件中采用层次分析法，确定重点保护对象和影响保护对象性质的因素的权重，如表 3-9 所示。所有这些权重都介于 0 和 1 之间，总和为 1。显然，植被是实现保护目标(森林生态系统和高山生态系统)的最重要因素。而濒危物种(包括植物和动物)的加权值也比较高(0.1808)。此外，要实现保护目标，河流也非常重要(与河流的距离的权重为 0.1128)。与此相反，道路和村庄的重要性要小得多。

表 3-9　保护目标影响因子矩阵分析

代码	DEA	DBR	ALT	DEP	DR	DT	VEG	DV	DVR	权重
DEA	1									0.1808
DBR	1/7	1								0.0190
ALT	1/3	3	1							0.0787
DEP	1	7	3	1						0.1808
DR	1/3	5	3	1/3	1					0.1128
DT	1/7	3	1/5	1/7	1/5	1				0.0410
VEG	3	9	5	3	5	7	1			0.3293
DV	1/7	3	1/5	1/7	1/5	1/3	1/9	1		0.0233
DVR	1/5	3	1/3	1/5	1/5	1/3	1/7	3	1	0.0344

注：DEA 是与濒危动物的距离；DEP 是与濒危植物的距离；VEG 是包括一些保护对象在内的植被；其他对象见表 3-8，一致性率为 0.08

3）保护目标的适宜性评价图

图 3-5 是梅里雪山国家公园保护目标适宜性评价图。总体看来，保护适宜性值高的区域主要集中在澜沧江流域的西部及海拔2500m以上的地方，并集中于三个主要区域：梅里雪山国家公园北部地区、中西部中心区最高的山峰（卡瓦格博峰）和西南部。第一个区域被当地居民称为医药山区，因为它是当地居民采集传统藏药和中药的一个重要区域。根据"梅里工程保护区规划"的报告（TNC，2003），一些重要的濒危动物在第一个区域内都有记录。这一地区的主要植被类型为灌木杜鹃、高山山麓、草甸、针阔叶混交林、冷杉和云杉林。梅里雪山国家公园最大的冰川在第二地区，这个区域内也有大多数濒危植物，上述所有保护植被类型都可以在这个地区找到。第三个区域为一个重要滨水生态系统，受这些溪流和河流的吸引，在这个区域内可以找到一些濒危动物（TNC，2003）。

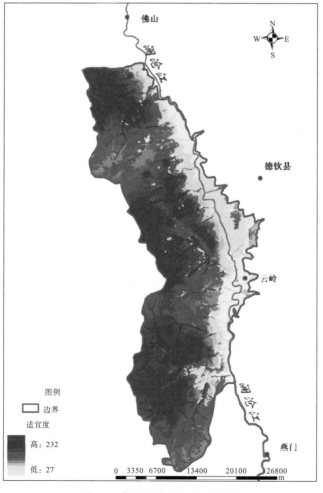

图 3-5 保护目标适宜性评价图

与此相反，保护适宜性低值出现在海拔较低的地区和沿澜沧江一带。这一地区的主要植被是适应干燥和温暖气候的河谷灌木。大部分的村庄和道路都处于这些地区，大部分的农田也集中在沿澜沧江一带。总的来说，这些地带严重地受到了人类活动的影响。

2. 旅游目标影响因子分析及适宜性评价

1）旅游目标影响因子分析

旅游资源专家确定了梅里雪山国家公园的主要景观资源，这些景观资源可以在空间布局图中得以体现，旅游专家也把这些景观资源加以权衡（1～100 级），同时被确定的还有旅游和游憩的影响因素（表 3-10），这些因素都可通过 GIS 数据进行描述。影响旅游和游憩的因素主要包括距公路、河流、村庄、濒危物种的距离，海拔、坡度等。此外，专家一致认为，冰川区域应为严格保护区，旅游业的发展不能破坏冰川。

表 3-10　旅游目标影响因素简述

代码	影响因素	描述
DVT	与村镇的距离	与保护行动相反，当地的藏族村寨是为游客提供旅游和游憩的重要资源
ALT	海拔	对于旅游和娱乐来说，高海拔地区可进入性较低，而低海拔地区则更容易进入
DR	与河流的距离	小河和溪流同样也是吸引游客的重要资源
DBR	与公路的距离	公路对旅游及娱乐非常重要。在旅游和娱乐中，公路使美丽的风景具有可进入性。景观越靠近公路，可进入性越高
DVR	与乡村道路的距离	类似于公路，景观的可进入性与景观和乡村公路的距离成正比。但与公路相比，乡村道路的可进入性要低
DT	与小径的距离	显然，在国家公园内，步行小径对旅游和娱乐也非常重要。很多年轻的游客喜欢在乡村地区及国家公园内徒步旅游
DES	与濒危物种的距离	濒危物种（包括濒危动物和植物）同样也是吸引游客的资源
SLO	坡度	大多数旅游和娱乐设施都修建在平地及缓坡地区。另外，陡峭的斜坡也让游客或徒步者难以到达

2）旅游目标影响因子权重设定

表 3-11 列出了旅游目标各影响因素的权重。所有这些权重同样是介于 0 和 1 之间的，加起来和为 1。专家都认为景观是旅游和娱乐发展的最重要的影响要素，与村庄的距离是影响梅里雪山国家公园发展旅游的一个重要因素（权重为 0.2309）。实际上，民族村寨也是梅里雪山旅游开发和接待中的一个重要资源。针对旅游业发展的 10 个因素中，权重在第三位的是道路（0.1504），坡度则是影响最弱的因素。

表 3-11　旅游目标影响因素矩阵分析

代码	DEA	DBR	ALT	DEP	DR	SCE	SLO	DT	DVR	DV	权重
DEA	1										0.0475
DBR	5	1									0.1504
ALT	3	1/3	1								0.0660
DEP	1	1/5	1/3	1							0.0489
DR	3	1/3	3	3	1						0.0802
SCE	7	3	5	5	5	1					0.2604
SLO	1/5	1/9	1/7	1/5	1/5	1/9	1				0.0142
DT	1/3	1/3	1	1/3	1	1/5	5	1			0.0478
DVR	1	1/3	1	1	1	1/5	5	1	1		0.0536
DV	5	3	5	5	5	1	7	3	3	1	0.2309

注：DEA 是与濒危动物的距离；DEP 是与濒危植物的距离；SCE 是旅游景观资源；其他对象见表 3-9，一致性率为 0.08

3）旅游目标适宜性评价图

梅里雪山国家公园旅游目标的适宜评价见图 3-6。近年来，气候的变化导致公园内冰川迅速融化（Baker et al., 2007），因此几乎所有的专家一致认为，梅里雪山国家公园的冰川地区必须作为旅游业开发的限制性区域，即使冰川是公园最重要的景观资源之一。从图 3-6 上看，最适宜开发旅游业的地区位于澜沧江一带和一些分散的村庄周围，最不适宜开发的是国家公园的北部与南部。

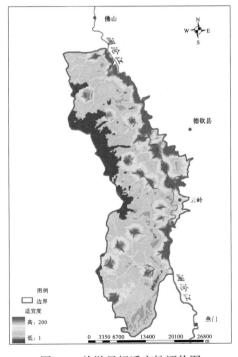

图 3-6　旅游目标适宜性评价图

3.社区目标影响因子分析及适宜性评价

1)社区目标影响因子分析

社区专家根据文化和经济均衡发展原则，选定了以下因素：距宗教圣迹、城镇、公路的距离，植被(权重，1~100 级)，距河流的距离、海拔、景观(权重，1~100 级)以及坡度，如表 3-12 所示。此外，植被类型与当地社区的传统生计紧密相连，如农业、畜牧业、林业产品和文化维持，如表 3-13 所示。

表 3-12　社区目标影响因素简述

代码	影响因素	描述
DT	与城镇的距离	城镇是为社区提供商品交易的市场，因此对社区的发展非常重要
ALT	海拔	正如前面所述，大部分村落分布在低纬度和河岸地区
DR	与河流的距离	小河和河流为当地居民提供新鲜水源，对当地社区的生存非常重要
DBR	与公路的距离	在发展中国家，公路往往被认为是刺激当地经济发展的重要因素
DVR	与乡村公路的距离	在梅里雪山国家公园，乡村公路是社区运送物资的主要通道
DSS	与圣迹的距离	除当地居民，每年都有大量来自西藏、青海、四川以及甘肃几个省份的藏民到梅里雪山朝圣，区域内分布的圣迹，对当地人文化和信仰维持非常重要
VEG	植被	植被对当地人生计贡献很大。例如，食物、耕地、牧地、燃料、建筑材料、药材等
SCE	景观	旅游已成为部分社区最主要的收入来源，而景观是社区旅游业发展的重要条件
SLO	坡度	绝大部分村落及耕地分布在平地或缓坡地上

表 3-13　植被类型与地方社区发展

植被类型	农业	畜牧业	林产品	文化	其他	综合权重
农业土地	100	18	2	12	24	100.00
硬叶常绿阔叶林	85	10	12	2	20	82.69
河流	55	21	5	5	24	70.51
高大灌木	30	5	15	4	28	52.56
无雨温暖河谷灌丛	25	10	12	2	30	50.64
杜鹃花灌丛	20	15	17	3	15	44.87
高寒草甸	8	30	4	8	10	38.46
混交林	10	12	12	9	14	36.54
云杉林	10	8	17	9	12	35.90
冷杉林	4	9	17	9	8	30.13
落叶松林	10	5	10	3	14	26.92
华山松林	5	4	18	2	12	26.28
高山松林	5	2	18	2	12	25.00
柳树灌丛	10	8	4	2	15	25.00
柏林	2	0	4	15	10	19.87
侧柏林	2	0	4	15	3	15.38

续表

植被类型	农业	畜牧业	林产品	文化	其他	综合权重
高山流石滩	1	2	18	1	2	15.38
沙棘林	1	2	3	15	2	14.74
冰川	5	5	0	8	2	12.82
澜沧黄杉森林	6	3	6	2	3	12.82
河岸林	2	2	2	9	3	11.54
岩石	0	0	0	1	0	0.64

2）社区目标影响因子权重设定

社区发展目标影响因子的权重在表3-14中列出。表中最重要的因素是植被类型，因为植被的类型决定着人们的生活方式。第二个重要的指标是村庄周边的景观，因为美丽的风光是吸引游客的最主要因素。从 1999 年以来，越来越多的人到梅里雪山来，一些重要景点周围的村庄，如明永村、雨崩村等，旅游收入已经是当地村民最主要的收入来源。道路也是影响当地社区发展的另一个重要因素。此外，除当地社区居民外，每年都有许多来自青海、四川和甘肃甚至是西藏的藏传佛教朝圣者到梅里雪山来朝圣，因此公园内的藏传佛教圣迹，对当地社区文化的传承具有重要的意义。

表 3-14　社区目标影响因素矩阵分析

代码	DBR	ALT	DR	DSS	SCE	SLO	DT	VEG	DV	DVR	权重
DBR	1										0.1355
ALT	1/5	1									0.0230
DR	1/5	1	1								0.0230
DSS	1/3	5	5	1							0.0628
SCE	3	7	7	5	1						0.2169
SLO	1/7	1/3	1/3	1/7	1/9	1					0.0134
DT	1/3	3	3	1	1/5	7	1				0.0544
VEG	3	7	7	5	3	9	5	1			0.3055
DV	1/3	5	5	3	1/3	7	3	1/5	1		0.1044
DVR	1/3	5	5	1	1/5	7	1	1/7	1/3	1	0.0612

注：一致性率为 0.07

3）社区目标的适宜性评价

图 3-7 是梅里雪山国家公园社区发展适宜性评价图。与旅游目标适宜性图类似，最适宜社区发展的地区在海拔较低的地区和澜沧江沿岸，实际上许多村庄和农场就在该地区。与此相反，海拔较高的地区，尤其是高山地区不适于当地社区

的发展。

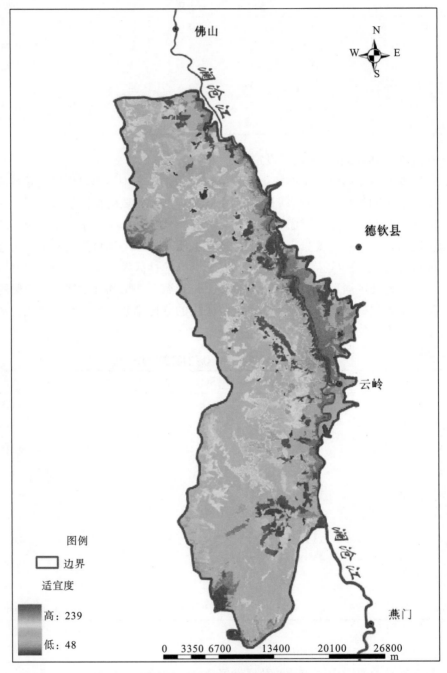

图 3-7　社区目标适宜性评价图

3.3.3　目标适宜性评价与多方案的形成

在对梅里雪山国家公园主要利益相关群体调查和分析的基础上，本书模拟了其中四个主要利益相关群体对公园未来发展情景的认识，并计算得出与之相对应的四套管理目标间的权重组合，如表 3-15 所示。

表 3-15　情景模拟与权重组合

管理目标 权重组合	保护目标	旅游目标	社区目标	一致性检验	模拟观点	对应的分区方案
权重组合一	0.4545	0.0909	0.4545	CR=0.00	环保主义组织	方案一
权重组合二	0.2790	0.6491	0.0719	CR=0.06	旅游开发商	方案二
权重组合三	0.0719	0.6491	0.2790	CR=0.06	社区居民	方案三
权重组合四	0.3333	0.3333	0.3333	CR=0.00	政府主管部门	方案四

注：研究调查的利益相关者包括云南省林业厅国家公园管理办公室、梅里雪山国家公园管理局、德钦县旅游局、云南世博集团、非政府组织的相关人员及当地社区居民和研究领域内的专家学者

把梅里雪山国家公园三张单目标适宜性评价图，按上述四套权重组合覆在 IDRISI 地理信息系统之上，采用标准的线性叠加方法得到了四张模拟不同发展观点的多目标适宜性评价图。对应 3.3 节设定的梅里雪山国家公园分区模式，对四张多目标适宜性评价图进行聚类分析，最终得到如下四套分区方案。

1.方案一：突出强调保护方案

基于大多数环保人士的观点，在方案一中梅里雪山国家公园保护目标将被突出强调。在某些特定的区域，对资源保护的考虑将优先于对游客体验的维持。该方案的管理取向是特别强调自然、文化资源的保护和保存，并严格控制新建游憩设施，同时还会对以前一些被破坏的地区进行恢复。由于认为社区对保护目标的实现极度重要，这些环保人士赋予社区目标与保护目标相同的权重，这是本方案的一个突出特点。图 3-8 和图 3-9 是方案一对应的多目标适宜性评价图和功能分区图。

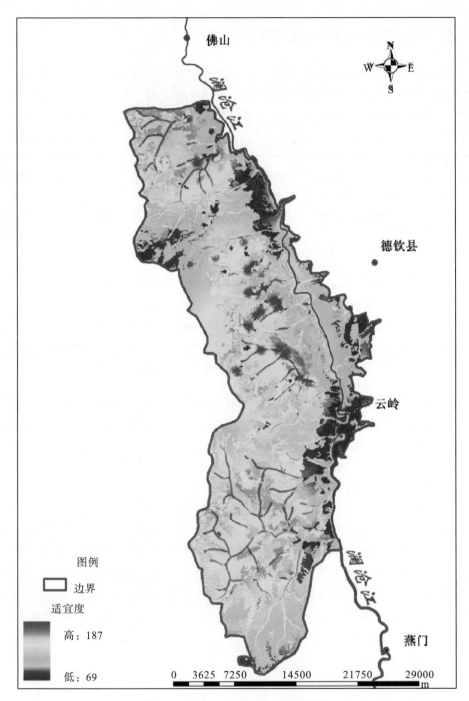

图 3-8　方案一多目标适宜性评价图

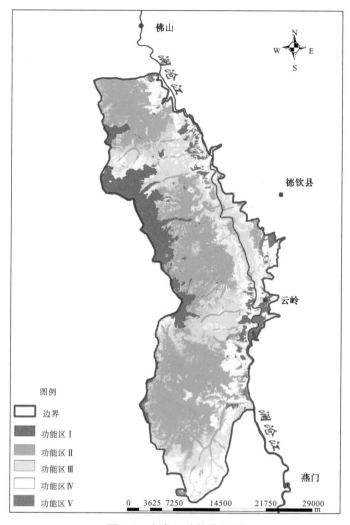

图 3-9　方案一功能分区图

2.方案二：突出强调旅游方案

　　方案二强调的是给游客提供更多的体验机会。在调查中笔者发现，一些来自于旅游行业的重要利益相关者一致认为发展梅里雪山旅游业，给游客提供高品质和多样化的游憩体验既是梅里雪山国家公园的基本目标之一，也是实现梅里国家公园另外两个基本目标"资源保护"和"社区发展"的直接重要手段。因此，现阶段梅里雪山旅游业的发展无疑应受到特别突出的重视。在方案二中，梅里雪山国家公园内的自然、文化资源将会被视为极为重要的旅游吸引物，尽可能提高国家公园的设施水平、增加国家公园的可进入性，给游客提供高品质和多样化的游憩体验将成为该方案的主要管理取向。图 3-10 和图 3-11 是方案二对应的多目标适宜性评价图和功能分区图。

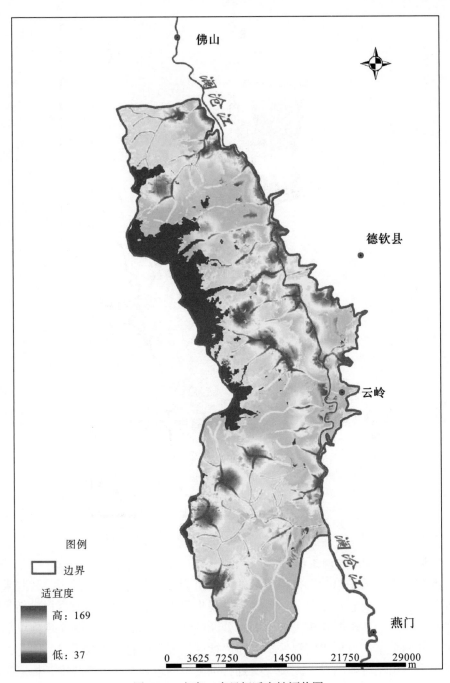

图 3-10　方案二多目标适宜性评价图

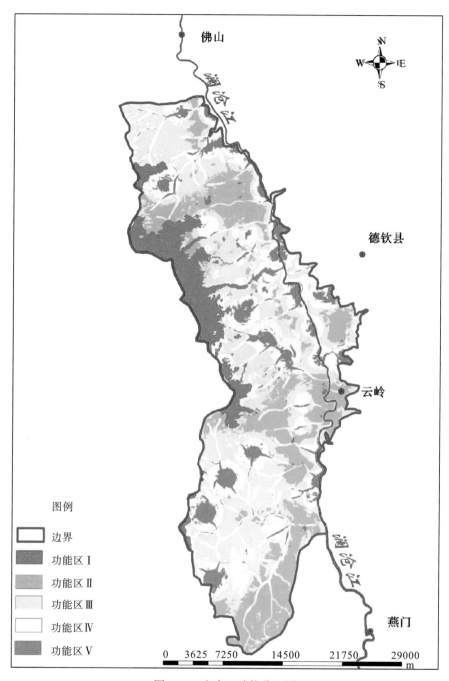

图 3-11　方案二功能分区图

3.方案三：突出强调社区方案

　　方案三重点强调的是保护社区的根本利益，给社区更大的发展空间。社区目标是本书给梅里雪山国家公园设定的三大基本目标之一。对当地社区居民的调查表明，社区居民对自身发展和利益的重视确实要远高于对资源保护和旅游发展的重视。当然，受明永村和雨崩村的影响，目前梅里雪山国家公园内的社区居民已经普遍把旅游业看成社区发展的主要机遇，调查结果的分析显示，不少社区居民甚至已经把旅游业发展和社区发展简单等同起来。图 3-12 和图 3-13 是方案三对应的多目标适宜性评价图和功能分区图。

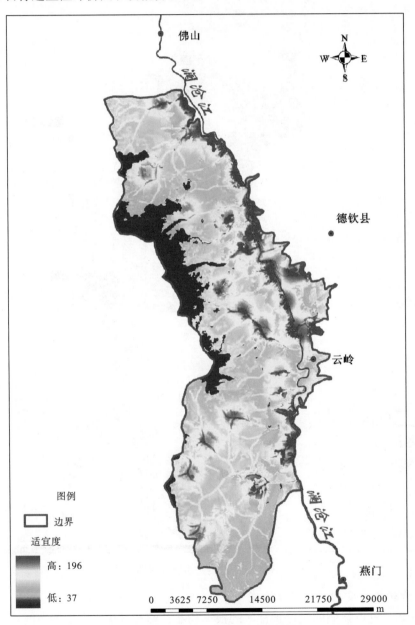

图 3-12　方案三多目标适宜性评价图

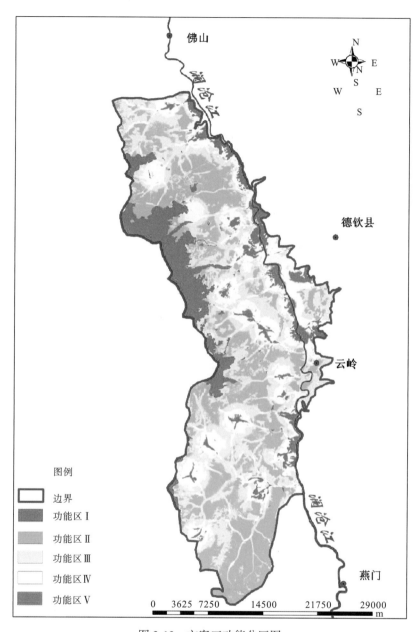

图 3-13　方案三功能分区图

4.方案四：协调发展方案

在方案四中，梅里雪山国家公园的保护、旅游和社区目标都不会被单独强调。这样的方案构思来自于梅里雪山公园管理局和一些研究者的想法(包括本书作者)。在本方案中，资源保护、社区利益和旅游者的体验都将得到同等重视。图 3-14 和图 3-15 是方案四对应的多目标适宜性评价图和功能分区图。

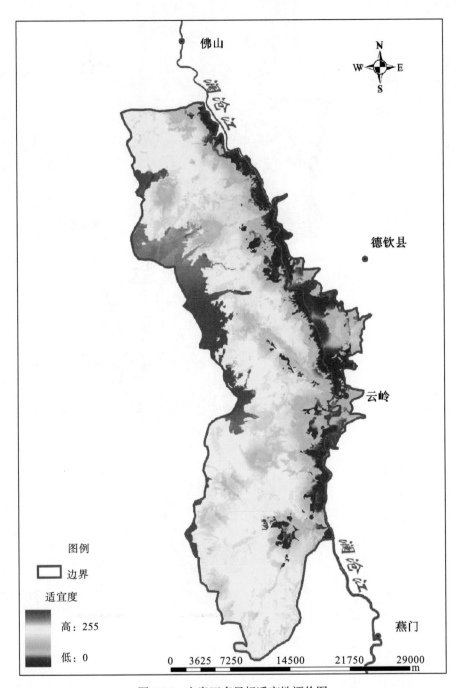

图 3-14 方案四多目标适宜性评价图

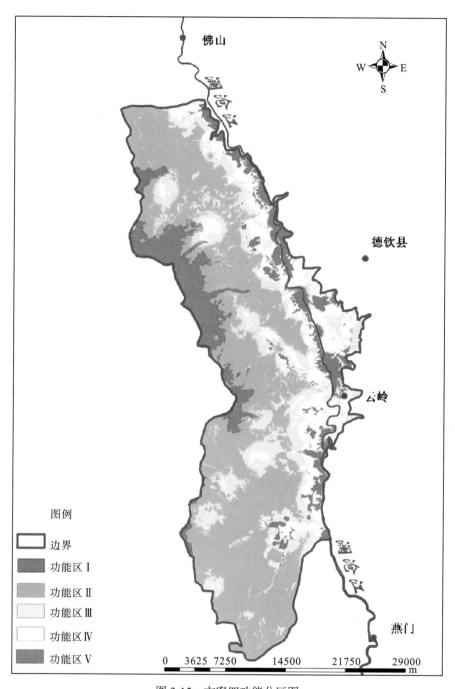

图 3-15 方案四功能分区图

3.4　梅里雪山国家公园功能分区多方案评价和优选

3.4.1　方案评价

针对本章设定的梅里雪山国家公园管理目标体系，综合理解和运用保护生物学、景观生态学、游憩管理学等相关学科的理论，采用专家参与技术，本书最终提出了针对保护、旅游和社区三大基本目标的 9 条分区方案评价标准，并在 GIS 支持下完成了 4 个方案 9 条分区方案评价标准的定量评价和比较。

1.针对保护目标的评价标准及其评价

保护生物多样性和生态系统的完整性是建设梅里雪山国家公园最为重要的基本目标。针对前面最后细化出的 13 条二级保护子目标，本书设定了三项评价标准，并在 GIS 支持下计算出相应的评价结果。

1)标准 1：主体保护区域面积大小

根据保护生物学中的岛屿生物地理学(MacArthur et al.，1967)和最小存活种群理论(Shaffer，1981)以及 Diamond (1975)在此理论基础上提出的以保护生物多样性为目标的保护区设计原则，梅里雪山国家公园受严格保护的区域面积越大，越利于公园保护目标的实现。据此，本书把梅里雪山公园保护要求较为严格的主体保护区域面积的大小作为一项评价标准。该项标准的计算公式具体定义为"梅里雪山国家公园主体保护区域面积=严格保护区面积+生态保育区面积"。表3-16是该标准在四个不同方案中的计算值。

表 3-16　四方案主体保护区域面积统计表

	方案一	方案二	方案三	方案四
严格保护区面积/hm²	9450.722	10021.59	9754.564	9420.032
生态保育区面积/hm²	37892.46	19560.76	27009.6	44047.49
公园主体保护区域面积/hm²	47343.18	29582.35	36764.16	53467.52

从图3-16可以看出主体保护区面积最大的分区方案是方案四，其次是方案一和方案三，主体保护区面积最小的则是突出强调旅游目标的方案二。

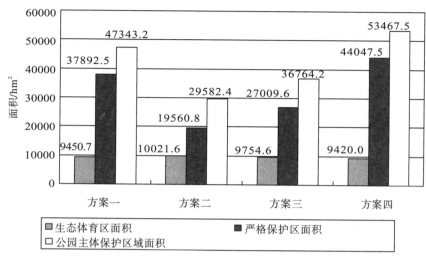

图 3-16 四方案主体保护区域面积统计图

2)标准 2：重点保护对象受保护状况

毫无疑问，国家公园中的重点保护对象能否被包含于公园的主体保护区域内也是公园保护目标能否实现的关键。根据生态保护专家的建议和掌握的数据状况，本书最终选取了梅里雪山国家公园两个层次的 4 种重点保护对象，分别为 28 个濒危植物保护对象，28 个濒危动物保护对象，以及梅里雪山最为脆弱和丰富的高山生态系统和森林生态系统作为评价的对象。保护对象受保护的状况，具体表达为"保护对象受保护状况=主体保护区域包含被保护对象(个或公顷)/保护对象总数(个或公顷)×100%"。 表 3-17 是该标准在 4 个不同方案中的计算值。

表 3-17 四方案重点保护对象保护状况统计表

动物保护对象

	保护对象总数 / 个	生态保育区包含数量 / 个	严格保护区包含数量 / 个	保护对象受保护比例 / %
方案一	28	19	3	78.57
方案二	28	1	2	10.71
方案三	28	3	3	21.43
方案四	28	20	3	82.14

植物保护对象

	保护对象总数/个	生态保育区包含数量/个	严格保护区包含数量/个	保护对象受保护比例/%
方案一	28	26	0	92.86
方案二	28	0	0	0

方案三	28	0	0	0
方案四	28	19	3	78.57

高山生态系统

	保护对象 总面积/hm²	生态保育区包含 面积/hm²	严格保护区包含 面积/hm²	保护对象受保护 比例/%
方案一	31254.30477	11640.67888	9305.156518	67.02
方案二	31254.30477	3269.09388	9301.469476	40.22
方案三	31254.30477	6568.059048	9305.156518	50.79
方案四	31254.30477	15904.96162	9205.293924	80.34

保护森林生态系统

	保护对象总 面积/hm²	生态保育区包含 面积/hm²	严格保护区包含 面积/hm²	保护对象受保护 比例/%
方案一	38258.93458	20954.83428	0	54.77
方案二	38258.93458	9999.132805	44.9944103	26.25
方案三	38258.93458	16800.41288	0	43.91
方案四	38258.93458	24588.50786	66.6792164	64.44

从图3-17～图3-20可以明显看出，所有方案中方案四对动物、森林生态系统和高山生态系统保护比例都是最高的，而对植物保护对象保护比例最高的方案则是方案一。

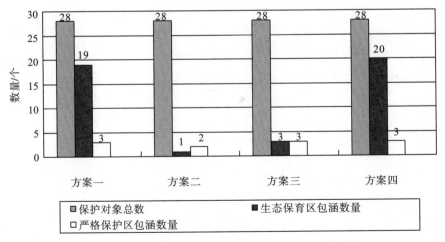

图3-17　四方案重点动物保护对象受保护状况统计图

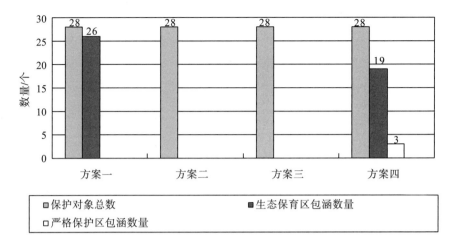

图 3-18　四方案重点植物保护对象受保护状况统计图

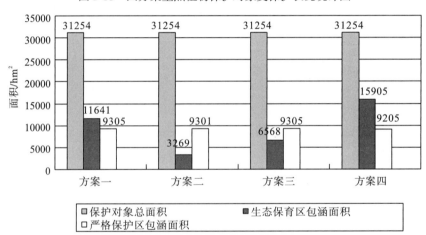

图 3-19　四方案高山生态系统受保护面积统计图

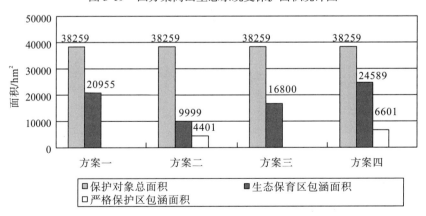

图 3-20　四方案保护森林生态系统受保护面积统计图

3）标准3：主体保护区域景观格局分析

景观生态学是地理学的(景观)和生物学(生态学)两种学科思想的结合，其研究的主要内容是某一尺度地理空间上生物群落与环境间主要的、综合的因果关系(Troll, 1983)，关注的焦点是景观空间格局对生态过程的影响(Pikett et al., 1995; Forman et al., 1986)。景观生态学对保护地的分区和管理一直都有很好的指导作用，根据景观生态学的基本理论，本书选取了斑块个数(NP)、平均斑块面积(AREA_MN)、平均斑块最近距离(ENN_MN)、斑块粘接度指数(COHESION)、聚集度指数(CLUMPY)、香农多样性指数(SHDI)、辛普森多样性指数(SIDI)、蔓延性指数(CONTAG) 等8个景观指数，分别从类型和景观两个层面考察不同分区方案主体保护区域景观的破碎度、连通性和多样性，识别不同方案对保护目标实现的优劣。表3-18、表3-19是该标准在4个不同方案中的计算值。

表 3-18　四方案主体保护区域类型层次景观格局分析

	方案一	方案二	方案三	方案四
景观指数一：NP				
严格保护区	13	130	65	198
生态保育区	6257	686	2354	1734
景观指数二：AREA_MN				
严格保护区	726.9786	77.0891	150.0702	47.5759
生态保育区	6.056	28.5142	11.4739	25.4022
景观指数三：ENN_MN				
严格保护区	934.0958	303.095	449.1709	132.5898
生态保育区	64.8038	110.5548	73.3553	63.8511
景观指数四：COHESION				
严格保护区	99.656	99.4836	99.5665	99.5985
生态保育区	99.7251	99.2382	99.0853	99.8813
景观指数五：CLUMPY				
严格保护区	0.9839	0.9768	0.9802	0.9759
生态保育区	0.9134	0.9456	0.8864	0.93781

表 3-19　四方案主体保护区域景观层次景观格局分析

	NP	AREA_MN	ENN_MN	CONTAG	COHESION	SHDI
方案一	18676	5.1358	70.1109	43.6122	99.4125	1.4089
方案二	3878	24.7336	100.1444	45.8159	99.397	1.4824
方案三	12181	7.8743	70.2874	43.7593	99.5958	1.4562
法案四	12908	7.4308	66.1829	47.0681	99.663	1.3989

下面对景观指数生态意义进行简要说明。

斑块个数(NP)：经常用来描述整个景观的异质性，其值的大小与景观的破碎度也有很好的正相关性，一般规律是 NP 大，破碎度高；NP 小，破碎度低。

平均斑块面积(AREA_MN)：一般用来描述景观破碎度，平均斑块面积越小说明破碎度越大。

平均斑块最近距离(ENN_MN)： 一般用来描述景观中同类斑块的连通度，平均斑块最近距离越大，表示该类斑块间的连通度越低，否则连通度越高。

斑块粘接度指数(COHESION)：可以衡量相应景观自然连接程度，对关键类型的聚集度很敏感，关键类型占景观比例减少并分割成不连接的斑块，COHESION 趋近于 0；反之则值增加。

聚集度指数(CLUMPY)：表示同种类型像素相邻接的比例与空间随机分布下的期望值相比有多大偏差，其值为-1~+1，-1 表示斑块分布最离散，0 代表随机分布，接近 1 表示该类斑块达到最大化的聚集。

香农多样性指数(SHDI)：指标能反映景观异质性，特别对景观中各拼块类型非均衡分布状况较为敏感，即强调稀有拼块类型对信息的贡献，这也是与其他多样性指数的不同之处。在一个景观系统中，土地利用越丰富，破碎化程度越高，其不定性的信息含量也越大，计算出的 SHDI 值也就越高。

蔓延性指数(CONTAG)：在景观水平选取该指数主要是反映斑块分布和不同斑块类型的混杂情况。一般来说，高蔓延度值说明景观中的某种优势拼块类型形成了良好的连接性；反之则表明景观是具有多种要素的密集格局，景观的破碎化程度较高。

辛普森多样性指数(SIDI)：辛普森多样性指数是从群落生态学引入的一个较为流行的多样性指数。辛普森多样性指数并不关注很小的斑块，因此它的解释性指标比香农指数更直观。

2.针对旅游目标的评价标准及其评价

在与旅游专家进行充分的沟通和交流后，针对细化的 13 条二级旅游子目标，本书提出下述三条评价标准。

1)指标 1：游憩展示区的面积大小

游憩展示区是梅里雪山国家公园的主体游览区，该区域的面积在一定程度上将决定整个公园的游憩容量和旅游者规模，影响公园旅游业效益。毫无疑问，公园游憩展示区面积越大越有利于旅游目标的实现。表3-20是该标准在 4 个不同方案中的计算值。

表 3-20　四方案游憩展示区面积统计表

	方案一	方案二	方案三	方案四
游憩展示区面积 / hm^2	27608.72	35926.96	35333.78	21389.75

从图3-21可以看出，方案二和方案三的游憩展示区的面积明显高于方案一、方案二，而方案二的游憩展示区面积又要略高于方案一。

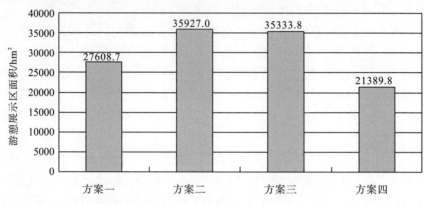

图 3-21　四方案游憩展示区面积统计图

2)标准 2：游憩展示区的景观多样性

提供多样化、高品质的游憩体验是梅里雪山公园最为重要的旅游子目标之一，公园游憩展示区包含的景观多样性将有可能决定 80%的旅游者能否有多样的游憩体验，进而决定旅游者的体验质量。这里用两个景观多样性指数 SHDI、SIDI 来判别不同方案游憩展示区的景观多样性。表 3-21 是该标准在 4 个不同方案中的计算值，景观多样性分析图如图 3-22 所示。

表 3-21　四方案游憩展示区景观多样性分析

	SHDI	SIDI
方案一	2.5354	0.902
方案二	2.5663	0.9025
方案三	2.6251	0.9143
方案四	2.6025	0.909

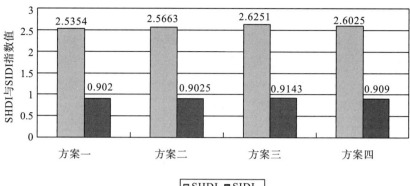

图 3-22　四方案游憩展示区景观多样性指数分析统计图

3）标准 3：现有机动车道路在公园游憩展示区和一般管制区的长度

现有机动车道路在公园游憩展示区和一般管制区的长度越长，表示公园对原有道路的利用率可以越高，不仅可以节约投资，还可以减少新建道路对环境的影响。表 3-22 是该标准在 4 个不同方案中的计算值，可利用现有机动车道路长度统计图如图 3-23 所示。

表 3-22　四方案游憩展示区和一般管制区包含现有机动车道路长度

	方案一	方案二	方案三	方案四
可利用现有机动车道路长度/m	109494.7	151943.2	168642.6	191891.7

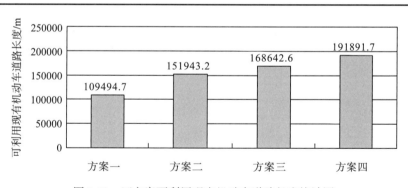

图 3-23　四方案可利用现有机动车道路长度统计图

3.社区目标评价标准及其评价

设定社区目标评价标准主要需要考虑两方面的因素：①对社区利益的保护，对社区传统生计的维护；②尽可能使公园内社区能够直接和均衡收益。在与社区专家和当地社区居民充分交流后，依据前面设定的社区目标及其子目标，根据细化的 11 条社区二级子目标，本书提出以下三条评价标准。

1）标准 1：社区传统土地利用形态维系状况

　　梅里雪山国家公园一般管制允许较高程度的开发和利用，其与社区现在土地利用形态的位置关系重合度越高则对社区现有利益的保护越大，公园也越能得到社区的认可和支持。该标准在本书中具体定义为"社区传统土地利用形态维系状况=公园一般控制包含的社区建设用地和农林用地面积/社区建设用地和农林用地总面积×100%"。表3-23是该标准在4个不同方案中的计算值，分析图如图3-24所示。

表3-23　四方案社区传统土地利用形态维系情况

	社区传统土地利用面积/hm^2	包含于一般管制区中的面积/hm^2	比例/%
方案一	2996.627728	687.1021	22.93
方案二	2996.627728	1715.662	57.25
方案三	2996.627728	2376.642	79.31
方案四	2996.627728	2996.628	100.00

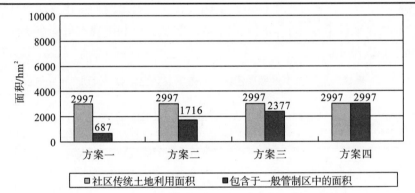

图3-24　四方案社区传统土地利用形态维系情况统计图

2)标准2：一般管制区连通性

　　一般管制区连通性越好，越有利于基础设施的建设，社区也越有可能直接、均衡受益于公园的设施建设和旅游业发展。本书选取一般控制区（ENN_MN）景观指数对该标准加以描述。表3-24是该标准在4个不同方案中的计算值，连通性分析图如图3-25所示。

表3-24　四方案一般管制区连通性分析

	方案一	方案二	方案三	方案四
ENN_MN	105.9999	110.8593	69.3372	66.3727

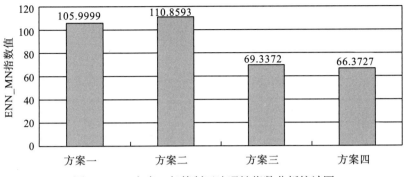

图 3-25　四方案一般管制区连通性指数分析统计图

3）标准 3：非主体保护区域的面积

公园严格保护区和生态保育区对社区传统资源的利用和生计的维持有较大的限制，严格保护区和生态保育区的面积越小，则社区可利用的资源面积就越大，越容易维持其传统生计，本书中该标准具体定义为"非主体保护区域面积=游憩展示区面积 + 一般控制区面积"。表 3-25 是该标准在 4 个不同方案中的计算值，非主体保护区面积统计图如图 3-26 所示。

表 3-25　四方案非主体保护区面积统计表

	方案一	方案二	方案三	方案四
非主体保护区域面积/hm^2	48573.68	66334.51	59152.7	42449.34

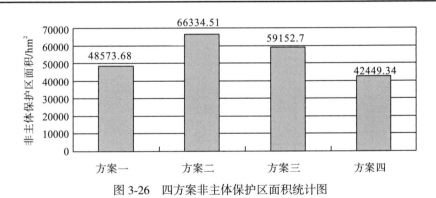

图 3-26　四方案非主体保护区面积统计图

3.4.2　方案优选

根据本书设计的"基于多准则决策的国家公园功能分区方法"，在完成国家公园的多方案设计和评价后，就可采用多属性决策中的层次分析法优选分区方案。根据层次分析法的步骤要求，本书首先把国家公园的管理目标体系结构、评价标准及分区方案予以展开，构建了如图 3-27 所示的梅里雪山国家公园功能分区问题的递阶层次结构模型。

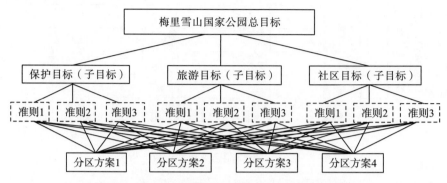

图 3-27   梅里雪山国家公园功能分区递阶层次结构图

在具体的求解过程中，方案层权重计算依据是对上述 9 条标准定量评价结果的标准化打分，而准则层和目标层的权重计算依据是专家打分。最终得出目标与各分区方案的计量关系如表3-26所示。其中，方案四(协调发展方案)的系统总权重是 0.353064，是四个方案中最高的，而方案一(强调保护方案)与方案三(强调社区方案)的系统总权重分别是 0.238434 和 0.244372，非常接近， 方案二(突出强调旅游方案)的系统总权重是 0.164130，是四个方案中最低的。

表 3-26   梅里雪山国家公园四个分区方案的权重汇总表

		基本目标	评价准则	方案一	方案二	方案三	方案四
梅里雪山国家公园总目标	保护目标	0.600797	0.104557	0.312482	0.062496	0.187489	0.437532
			0.637635	0.354842	0.064527	0.161261	0.419370
			0.257809	0.265625	0.242188	0.203125	0.289063
	旅游目标	0.199602	0.637635	0.062496	0.187489	0.437532	0.312482
			0.104557	0.062496	0.187489	0.312482	0.437532
			0.257809	0.187489	0.437532	0.312482	0.062496
	社区目标	0.199602	0.637635	0.062496	0.187489	0.312482	0.437532
			0.104557	0.250000	0.062486	0.250000	0.437514
			0.257809	0.187489	0.437532	0.312482	0.062496
总分				0.238434	0.164130	0.244372	0.353064
排名				3	4	2	1

3.4.3　讨论

从图3-28可以看出，采用本书设计的"基于多准则决策的国家公园功能分区方法"最终优选出的分区方案是方案四，即梅里雪山国家公园保护、旅游和社区目标受到同等重视的"协调发展方案"（方案四权重总值为 0.353064），要明显优于突出强调其中任何一个目标的方案（方案一权重总值为 0.238434；方案二权重总值为 0.164130；方案三权重总值为 0.244372）。这样的实证研究结论，应该说再次突出展现了中国国家公园的特色，对统一参与各方的认识具有重要的促进意义。

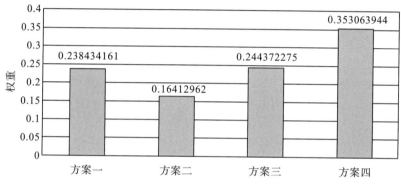

图 3-28　梅里雪山国家公园四个分区方案总体权重统计图

3.5　本 章 小 结

国家公园的管理是以目标为导向的管理，功能分区是实现其管理目标的重要手段，功能分区理论框架和方法的设计理应围绕着国家公园管理目标展开。

基于国家公园功能分区问题实质的认识，本章尝试把运筹学中的多准则决策理论和方法引入国家公园的功能分区方法设计中，把多准则决策中的多目标决策方法用于国家公园功能分区方案的设计和求解，把多准则决策中的多属性决策方法用于国家公园功能分区方案的评价和优选，并最终构建出完整的"基于多准则决策的国家公园功能分区方法"。该方法与以往国家公园功能分区理论框架或方法相比，最大的不同体现在以下三方面。

（1）该方法把多准则决策中的多目标、多属性数学决策方法引入国家公园功能分区方法设计中，实现了国家公园功能分区的定量化，提高了分区决策的科学性和透明性。

（2）该方法集中体现了"4 个多"，即统筹兼顾了国家公园相互冲突的多个管理目标，考虑了影响目标实现的多种因素，模拟了多种情景，突出强调了多方案的比较和优选。

（3）该方法具有良好的普适性，能推广应用于处于各种复杂情况下的国家公园功能分区。

在方法的实证研究中，梅里雪山国家公园的三个基本目标"保护目标、社区目标和旅游目标"被确定为单目标适宜性评价的目标层。三个目标的影响因子和权重则通过向不同领域的专家咨询获得。在此基础上，利用融合 GIS 技术的多目标决策方法，获得了三张梅里雪山国家公园的单目标适宜性评价图，分别为梅里雪山国家公园旅游目标适宜性评价图、梅里雪山国家公园社区目标适宜性评价图和梅里雪山国家公园保护目标适宜性评价图。

基于对梅里雪山国家公园主要利益相关者的调查和分析，本书归纳出梅里雪山国家公园的 4 种主要发展取向，分别代表环保主义者、旅游开发商、社区居民和政府主管部门 4 个主要利益相关群体对梅里雪山国家公园未来发展持有的看法。按与上述 4 种发展取向相对应的 4 套目标权重组合，叠加梅里雪山国家公园的三张单目标适宜性图，可以得到模拟不同发展取向的 4 张多目标适宜性评价图，对其进行聚类分析之后，最终得到了 4 套梅里雪山国家公园功能分区方案。分别是突出强调保护方案（方案一）；突出强调旅游方案（方案二）；突出强调社区方案（方案三）和协调发展方案（方案四）。

在对 4 套分区方案的评价和优选中，首先基于保护生物学、景观生态学、游憩管理学等相关学科的理论，提出了针对梅里雪山国家公园保护、旅游和社区三大基本目标的 9 条评价标准，并在 GIS 支持下完成了 4 个方案，9 条评价标准，23 个具体评价指标项的定量评价，并在此基础上，采用多属性决策中的层次分析方法，完成了梅里雪山国家公园功能分区方案的优选。

采用本书设计的"基于多准则决策的国家公园功能分区方法"最终优选出的分区方案是方案四，即梅里雪山国家公园保护、旅游和社区目标受到同等重视的"协调发展方案"（方案四权重总值为 0.353064），要明显优于突出强调其中任何一个目标的方案（方案一权重总值为 0.238434；方案二权重总值为 0.164130；方案三权重总值为 0.244372）。这样的实证研究结论，应该说再次突出展现了中国国家公园的特色，对统一参与各方的认识具有重要的促进意义。

第4章 梅里雪山国家公园功能分区管理研究

国家公园功能分区的最终目的是提出有针对性的分区管理政策，确保国家公园管理目标的实现。围绕梅里雪山国家公园的总目标、三大基本目标及其子目标，本章将分别从分区管理内容、分区管理政策和分区管理指标监测体系三个层次对梅里雪山国家公园分区后的管理进行探讨和研究。并针对第3章最终优选出的梅里雪山国家公园功能分区方案，制定出梅里雪山国家公园四大功能分区的具体管理政策和指标监测体系，如图4-1所示。

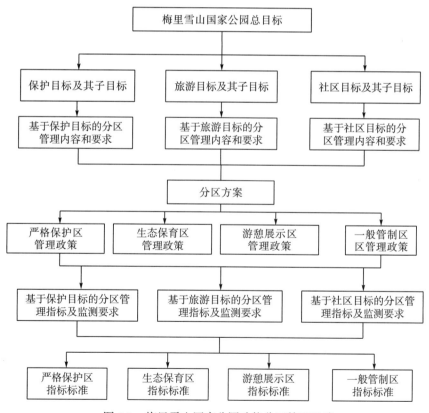

图 4-1 梅里雪山国家公园功能分区管理思路

4.1 分区管理内容研究

与梅里雪山国家公园的三大基本目标相对应，分区后梅里雪山国家公园的管理将包括分区资源管理、分区游憩管理和分区社区管理三大部分内容，如图 4-2 所示。

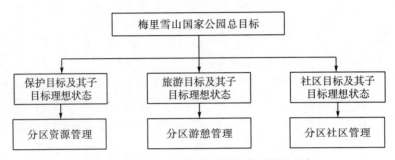

图 4-2　梅里雪山国家公园功能分区管理内容

4.1.1　分区资源管理

一般来说，国家公园资源管理主要由自然资源管理和人文资源管理两部分内容构成(NPS,2006)。根据梅里雪山国家公园最终优选出的分区方案，对属于不同分区中的自然和人文资源采取突出重点的管理措施是梅里雪山国家公园分区资源管理的根本任务。图 4-3 反映了公园分区资源管理的主要内容。

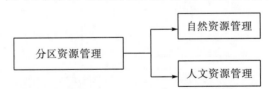

图 4-3　梅里雪山国家公园分区资源管理内容

1.分区自然资源管理

保护国家公园自然资源、自然过程、自然系统和价值的完整性是公园管理的基本责任和核心内容。公园的管理者不能也不允许任何影响公园资源、价值，导致其完整性破坏的活动存在。梅里雪山国家公园的自然资源包括以下内容：物质资源及其物质过程，如水、空气、土壤、地形特点、地理特点、明澈的天空、风化、侵蚀、洞穴的形成和自然火灾等；生物资源及生物过程，如当地土生植物、动物社区、光合作用、生物繁衍和进化；与公园特色相关的价值，如景观和景色；生态系统等。

　　表 4-1 是梅里雪山国家公园分区自然资源管理时应纳入考虑范围的一般性管理内容和管理活动。以此为基础，针对不同分区采取不同类型和不同侧重的自然资源管理活动和措施将成为梅里雪山国家公园分区自然资源管理的主要任务。

表 4-1　梅里雪山国家公园分区自然资源管理内容和活动概要

管理活动 / 管理对象	调查与监测	评估	研究	保护	控制	恢复	利用
生物资源	监测动植物状况	评估动植物种群的管理结果；评估外来物种对公园的影响	对濒危动植物的科学研究	保持公园物种的稳定性；保护当地物种；保护物种的栖息地；保护开放的空间和草甸	控制外来物种引进与迁出；控制有害的游客干扰；限制动物的捕获和植物的采摘；控制杀虫剂的使用	恢复当地濒危物种；恢复自然景观	向游客展示动植物资源
水资源	监测水质量状况	评估水污染状况		保护地表水和地下水的质量；保护河流和流域的主要特征	控制人为活动的干扰；避免、控制视觉上的污染		
空气资源	监测空气质量状况	评估空气污染状况		保护空气质量			
地质资源	鉴定、监测地质灾害	评估人类活动对地质、地貌的影响	特殊地质、地貌资源的科学研究	保护古生物学资源；保护土壤资源	控制对古生物资源的破坏控制对土壤的负面影响	恢复被破坏的土壤	向游客展示地质资源
声音资源	监测噪声状况	评估人类活动的噪声影响		保护自然声音	控制人工噪声	恢复被破坏的自然声音	
光资源	监测人造灯光的干扰	评估人类活动对自然光的影响		保护自然的黑暗度	控制人造灯光		

2.分区文化资源管理

　　在对国家公园人文资源加以研究的基础上，梅里雪山国家公园管理局将保护和促进人们珍惜它所保护的文化资源，体现对那些传统上与这些资源有联系的人们的尊重。梅里雪山国家公园文化资源包括文化物质资源和文化非物质资源两部分，其中公园文化物质资源与公园分区有密切的空间联系，因此成为公园分区文化资源管理的重点对象。表 4-2 是梅里雪山国家公园分区文化物质资源及其管理手段的一般性内容。以此为基础，根据公园分区方案对属于不同分区中的文化物质资源采取突出重点的管理措施，将成为梅里雪山国家公园分区文化资源管理重点。

表 4-2　梅里雪山国家公园分区文化资源管理内容和活动概要

对象　活动	宗教遗迹（神山、圣迹、转经路线）	传统建筑	文化景观
维护	维持在稳定的状态中，防止老化和损失	维持现状，使民族和历史建筑得到满意的保护、维护使用和解释	维持现状，使文化景观得到满意的保护、维护使用和解释
修复/复原	通常不进行宗教遗迹的修复、复原	修复、复原将保留其基本特征，不改变其完整性和特性	在有关景观原貌数据充足的前提下，尽量恢复其基本特征，不改变其完整性和特性
重建	不适宜	要求数据足以准确才能进行重建，历史特征的复制是以文献或实际证据为依据的，而不是设想或以其他建筑的特征为依据，重建应在原址上进行	不适宜
新建	不适宜	新建项目的设计和选址是为了保护该地区的完整性和有关特征。新建项目的历史特征可能不同，但要与环境融为一体	对文化景观进行的现代改造或添加不应对文化景观重要的特征进行根本性改变、遮掩或毁坏
迁移	不适宜	现有地址不能对建筑提供切实保护的前提下可以迁移	不适宜
备注	防止人为的开发和建设对宗教遗迹的损害和破坏。没有特殊情况，则实行就地管理	传统建筑的使用，应参照世界文化遗产和国家相关政策法规进行	防止人为的开发和建设对文化景观的损害和破坏。没有特殊情况，则实行就地管理

4.1.2　分区游憩管理

合理而有序地发展旅游业既是建设梅里雪山国家公园的基本目标之一，也是缓解梅里雪山国家公园内部威胁的重要途径，因此分区后的游憩管理是梅里雪山国家公园分区管理的重要组成部分。在不损害公园主要价值的前提下，如何通过有效的游憩管理方式降低游憩活动对环境的负面影响，提升游客的游憩体验，发挥公园的自然教育功能，使游客进一步热爱自然、了解保护自然、关爱自然，为公园争取广泛的理解和支持，最大化地增加地方经济收益和促进当地社区可持续发展都是公园分区游憩管理需要考虑的问题。图 4-4 反映了梅里雪山国家公园功能分区游憩管理的主要内容。

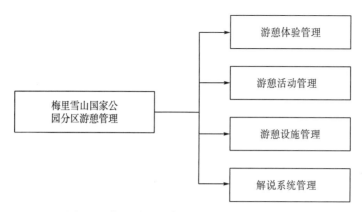

图 4-4　梅里雪山国家公园分区游憩管理内容

1.分区游憩体验管理

从国外经验看，通过分区提供一定范围内的游客体验机会对大多数国家公园来说极为重要。有人可能会问，为什么要在一个公园内提供一种以上的体验机会呢？那是因为游客来国家公园的原因各不相同，有时甚至相互矛盾和冲突，通过提供一个多样性的体验配置，在理论上将使游客有更大的机会获得与他们来公园目的最为匹配的游憩体验。此外，公园提供多样性的游憩体验还有助于避免因旅游者的不同需求造成的冲突(NPS,1997)。世界上很多重要的国家公园都提供了多元化体验的机会，通过不同的环境和设施配置给游客多样化的体验。例如，在美国的约塞米蒂国家公园，游客既可以体验到大城市的环境(Yosemite Valley)，也可以在野外高山体验荒野的感觉。当然，无论是在约塞米蒂还是其他国家公园，在这两个极端体验之间通常还存在许多其他可识别的体验机会。表 4-3 是本书参照国际经验提出的梅里雪山国家公园游憩体验机会，这些游憩体验机会将会被安排在能提供与之配套的环境和设施的分区中，以满足不同旅游者的需求。

表 4-3　梅里雪山国家公园游憩体验机会

梅里雪山国家游憩体验机会	
	远距离地观赏大尺度自然景观将使公众在获得美的享受的同时，产生自豪感
	亲身近距离接触自然，以得到独特体验
	体验特有的野外生存孤独感
	近距离观察观赏变幻莫测的自然风光、野生生物和各种奇异的自然现象，增强对野生世界和生活的热爱
	通过登山步行运动得到身体和心灵上的放松
	骑马或骑自行车在宁静的环境中感受自然
	通过自导式和向导式解说系统的现场解说，了解自然的神奇之处
	通过机动车观光让大众旅游者领略大自然的雄壮或秀美风光，增强对祖国山河的热爱，同时配以适时的解说提升公众环境意识
	远离现场的游憩活动让游客得到进一步心灵的休憩和放松
	通过多手段的解说系统了解到不能亲身体验的自然的神奇之处
	通过探访当地社区，了解独具地方特色的耕作方式或生活方式

2.分区游憩活动管理

生态旅游的环境影响既取决于生态系统也取决于活动，即使是在同样的生态系统中，不同的游憩活动和行为方式也会造成有差别的影响（Buckley，2001）。表 4-4 是我国学者黄丽玲（2007）总结的环境和游憩活动的相互影响关系。

表 4-4　不同游憩活动或行为对环境的影响程度比较

对环境 的影响		强	中	弱
游憩 活动		乘坐机动车的观赏； 乘坐机动船参与水上活动； 敏感时期观察野生动物（繁殖季节）； 参与设有交流电、自来水等基础设施的娱乐活动； 无限制的垂钓； 狩猎； 无导游带领并且无野外环保知识（或野外环保知识较差）的随意走动及游玩	骑马或骑自行车观赏； 在静谧场所泛舟； 乘坐竹筏漂流； 使用少量自来水设施； 不使用自来水和交流电的野地露营； 有限制的垂钓 由单个导游带领下的大团队旅行（30～50 人）	穿着软底鞋步行观赏； 按规定的线路走，不践踏游道两旁的裸露土地； 穿着与自然色彩接近的服装观察野生生物； 由熟悉环境的当地导游带领下的小团队旅行（3～5人）
游憩 行为		恐吓、追逐或投喂野生动物； 使用喇叭等扩音设备或大声叫喊、喧哗等会产生强烈噪声的行为； 随手丢弃垃圾； 消费野生生物产品	较近距离观察野生生物； 将垃圾放入景区内设立的垃圾桶中； 在消费生物制品时问清产品来源，不消费野生生物产品	尽可能在动物不会发觉的情况下观察它们； 游玩过程不大声喧哗； 将垃圾带出景区； 坚决抵制野生生物产品，并帮助劝说周边游客不要消费
备注		教育公众杜绝不文明游憩行为，对游憩行为的管理主要通过解说系统进行； 在利用区和限制性利用区内允许上述部分游憩活动	有必要对上述游憩行为进行进一步教育，以求更加降低对环境的影响； 相关游憩活动允许在利用区、限制性利用区进行，其中生态保育区允许限定数量的野地露营	上述游憩活动和行为鼓励运用在除严格保护区域的整个保护地范围

此外，不同的游憩活动对自然的依赖性也是不同的。有的活动只能在自然环境下才能完成（如观察野生生物，在自然环境下的观察才能领略其中乐趣），而有的活动则不一定需要自然环境（如一些缓解游人游玩时的身体疲惫的项目）。因此，在进行分区游憩管理时，有必要按游憩活动和行为对环境的影响力大小和对自然环境的依赖程度进行排序，以便在适当的区域安排适宜的活动。表 4-5 反映的是梅里雪山国家公园可能的游憩活动一览表及这些活动将对环境的影响和需求程度。

表 4-5　梅里雪山国家公园分区游憩活动及其对环境的依赖程度

梅里雪山国家公园游憩活动	对环境的依赖程度
荒野探险	高
野外生存体验	
露营地野营	
观察野生生物	
观赏自然风光	
登山	
远足	
观察部分野生生物(以植物为主)	
骑马或骑自行车在宁静的环境中感受自然	
沿河道漂流	
滑雪	
放松心情的休闲户外娱乐	低
探访当地农户, 了解当地人的独特生活方式	
购买当地农户生产的土特产品, 支持当地经济	
各项室内娱乐	

3.分区游憩设施管理

游憩设施管理是公园分区游憩管理中十分重要的部分, 因为游憩设施能够在很大程度上左右游憩活动发生的地点和规模, 从而决定其对环境影响力的大小和游客的体验质量(黄丽玲, 2007)。在不同分区, 由于环境的敏感性和可利用的程度不同, 需要安排有差别的游憩设施。从简易露营设施、当地社区长期使用后自然形成的小道、简易自动处理厕所到游步道、观景台、休息用的座椅、分散的公园服务点、能避雨的亭台、公共厕所、机动车观光道、游客服务中心、博物馆、宾馆、酒店等, 不同类型的设施应被恰当地分配到公园各个分区中, 以确保公园的资源价值和游客体验不受影响。表 4-6 展示的是梅里雪山国家公园可能提供的游憩设施及其对环境的影响程度。

表 4-6 梅里雪山国家公园分区游憩设施及其对环境的影响程度

梅里雪山国家公园分区游憩设施	对环境的影响程度
不供应自来水和交流电的少量指定地点的简易非永久性露营设施	低
紧急庇护所	
尽可能地利用公园内已有的、人类践踏形成的步道	
使用当地材料铺设过的多功能道(如木栈道、砾石步道、马道等)	
在对景观不造成影响的前提下,建造供游人休息的座椅、亭台、卫生间、吸烟室等设施	
硬质铺装机动车道	
永久性建筑,如游客中心、宾馆等	高

4.分区解说系统管理

解说系统是旅游目的地诸多要素中十分重要的组成部分,是旅游目的地教育功能、服务功能、使用功能得以发挥的必要基础,是管理者用来管理旅游的关键工具(世界旅游组织,2001)。设计国家公园分区解说系统管理的核心是让游客明白在某一个区域,能够获得怎样的体验,能实施何种与该区域环境条件相符合的游憩活动和行为。根据不同分区的设立目的,按一定次序安置恰当的解说媒介、解说内容,将对游客管理和游客体验发挥重要作用。表 4-7 是本书提出的梅里雪山国家公园解说系统包括的一般性内容。

表 4-7 梅里雪山国家公园分区解说系统

梅里雪山国家公园解说系统
通过远离现场的解说让公众知晓该区域在生物多样性和环境保护上的重要性
充分结合向导式和自导式解说系统,在游客游玩的同时通过解说系统加深其对自然现象的了解,增强其对自然的热爱程度
适时的知识式解说能使公众深入了解自然,有助于提升游憩体验及其对保护自然的兴趣
在知识式解说的基础上加入对游憩行为的教育性和提示性解说,告诉公众如何做到对环境有益、能降低对环境损害的行为,劝阻公众有意或无意状况下对环境损害大的行为
少量神话传说性解说,增添游憩乐趣
多采用多媒体、高科技演示等远离现场的解说
设立博物馆,对保护地内的自然特征进行详细介绍
注意劝阻游客购买野生生物产品,尤其是受国家保护的物种制成的商品,在购买生物制品时,需要问询该产品的来源,尽可能地杜绝野生动物贸易

4.1.3 分区社区管理

如何有效地协调社区居民的生存需求和保护目标之间的冲突一直是保护区管

理研究的焦点(Salafsky et al., 2000)。从根本上说，自然保护区本质上也是一个社会空间(Ghimire et al., 1997)，因而不能从人的背景中割裂开来(Mehta et al., 2001)，如果忽视当地人的需求、渴望和意见，保护区特别是发展中国家自然保护区的长期存在将会受到威胁 (Raval, 1994；McNeely, 1990)。现在，全世界保护区管理者都已认识到：生物多样性的保护不应该阻止周围居民进入，而是需要他们积极参与到保护区的管理和建设中，通过提高居民对生物多样性的认识，充分发挥他们的积极作用(Miller, 1996)，特别是低收入国家保护区的完整性在很大程度上依赖于生活在保护区内部或者附近的居民(Kiss, 1990；Anderson et al., 1981)。因此，对保护地当地居民的利益进行分析、评估和保护，给其提供更好的发展机会，是缓解保护区和当地社区之间矛盾的唯一途径。从长远看，只有获得社区居民对保护区制度的认可和支持，才能真正实现保护区的长久生存和发展。

　　基于上述考虑，梅里雪山国家公园划分出单独的传统利用区来维护社区传统土地利用形态，保护社区的根本利益不受损害，协调公园保护目标、游憩目标与社区居民生存、发展间存在的冲突，解决公园内社区发展存在的不平等和低效率问题。需要补充的是，由于分区问题的复杂性导致梅里雪山国家公园的生态保育区、游憩展示区内还存在极少数社区，对于这些特殊社区的管理应在其所属大分区的管理框架内，参照传统利用区的管理政策进行细化管理。梅里雪山国家公园的分区社区管理包括图 4-5 所示的两方面主要内容。

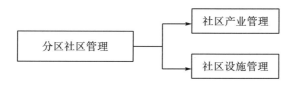

图 4-5　梅里雪山国家公园分区社区管理内容

1.社区产业管理

　　国家公园内社区的产业类型和发育状况是决定社区对公园资源利用方式和强度的主要因素。目前，梅里雪山国家公园内绝大多数社区还是依靠传统产业，农业、畜牧业、采集业和林业维持其生计，只有少部分社区居民依托旅游业的发展，开始从事交通运输、旅游服务、小商业。鼓励公园社区发展有利于减小资源依托性产业，强调社区对梅里雪山资源的有限利用，限制外来竞争性经营活动，实现社区发展与资源保护的可持续，是梅里雪山社区产业管理的总体策略。

　　1)控制和引导社区传统产业

　　(1)农业。

　　禁止梅里雪山国家公园一般管制区之外的社区新增农业用地，严格控制梅里雪山国家公园一般管制区内社区新增农业用地规模，鼓励农民积极退耕还林，鼓励社区发展生态农业、高附加值的绿色种植业和生物产业。梅里雪山国家公园有责任积极开展有效的科研项目，提高梅里雪山社区传统农业用地的使用效率。

（2）畜牧业。

逐步减小梅里雪山畜牧业发展规模，发展高效、环保的旅游交通替代梅里雪山社区旅游马帮经营活动对于保护梅里雪山国家公园区域内的高山草甸有着重要的意义。对公园传统利用亚区之外的放牧活动要严格加以引导和控制。

（3）采集业。

在公园传统利用亚区之外的指定区域，允许当地社区居民在可接受的程度内对自然资源进行采集。

2）促进社区新型产业发展

梅里雪山国家公园应尽可能为社区提供机会，发展多种形式的有利于资源与环境保护的新型产业，促进农村综合性旅游经济的发展。例如，旅游经营性服务活动，包括旅游住宿、高山徒步向导、旅游小商品生产和销售等；与旅游业相关的小手工业和小型企业，包括生产矿泉水、旅游纪念品、土特产品等；特色养殖业，包括高附加值养殖业，如蜜蜂、梅花鹿等。

2.社区设施管理

社区公共服务设施，道路交通、水、电等基础设施是提高社区生活水平、促进社区发展的基本条件，是梅里雪山国家公园社区发展目标硬性指标的体现。

1）社区公共服务设施管理

（1）社区医疗设施。

根据国家有关加快农村医疗卫生建设的要求以及梅里雪山国家公园的特殊性，梅里雪山国家公园允许和鼓励在公园一般管制区内建立卫生室、卫生所等医疗服务卫生设施，提高社区高医疗救治水平。

（2）社区教育设施。

允许和鼓励在梅里雪山国家公园一般管制区内建设农村中小学义务教育设施，提高社区教育水平。

2）社区基础设施管理

（1）道路与公共交通。

梅里雪山国家公园通达、便捷的道路交通系统既是实现国家公园资源保护和游憩功能的物质保障，也是确保梅里雪山国家公园各社区均衡受益，以及社区社会经济文化发展的客观需要。梅里雪山国家公园道路系统不仅要用作自然资源保护的森林防火通道和游憩道，更应该解决长期以来梅里雪山各乡村聚落不通公路的问题，实现村村通公路。此外，针对梅里雪山国家公园社区众多，而保护和游憩压力大的实际情况，鼓励在公园社区较为集中的区域设置公共交通。

(2)水、电设施。

全面改造、扩容梅里雪山社区电力系统，以满足社区生活、生产需要，满足基于社区的乡村旅游业发展的需要。保护梅里雪山社区饮用水源，实现梅里雪山全社区自来水到户工程。

(3)环卫设施。

梅里雪山国家公园的建设应全面改善国家公园社区卫生条件，修建到户排污管道系统，生活污水实现区域性集中处理、集中排放。社区生产和生活垃圾问题一直就是威胁梅里雪山生态环境安全的一个重要的方面，梅里雪山国家公园的建设必须为梅里雪山地区各社区提供完整的、有效的垃圾处理措施。

(4)新型能源利用。

梅里雪山属于高海拔地区，冬季寒冷，持续时间长，农村能源消耗大。梅里雪山国家公园有责任在梅里雪山地区各村寨社区开展新型能源推广项目。新型能源项目的实施不但可以改善农村居民的生活水平，而且对于梅里雪山资源保护具有重要的现实意义。具体来讲，推广下面两种新能源利用模式。

建设生态家园模式。这种模式以沼气为纽带，以农户为单元，组合运用日光节能温室、太阳能畜禽舍、沼气池、燃池、省柴节煤灶等技术设施，构筑多位一体的综合能源利用体系。

太阳能利用模式。通过太阳房、太阳能热水器技术，减少农村住宅冬季能耗，改善生活环境和质量；推广太阳能光电池、太阳能路灯等光电利用技术，开辟农村能源应用新领域。

4.2　分区管理政策制定

4.2.1　分区管理政策制定的基本原则

国家公园功能分区的主要目的是测绘和划定不同的保护和利用水平，分隔有潜在冲突性的人为活动，并据此提出针对性的管理政策（Parks Canada, 1994）。通过功能分区，国家公园将被划分为一系列有相似管理重点、相似开发利用许可程度的"管理区域"，这些"管理区域"可以解决为达到公园理想的未来状态，何种管理和使用策略最有利于管理目标的实现的问题(IUCN, 2005)。一般来说，国家公园分区管理政策将在以下方面定义可以和不可以采取的行为：自然资源管理、文化资源管理、人类的开发使用、到达保护区的途径、设施及公园的修建、养护及操作(Young et al., 1993)，并可以发挥如下作用(IUCN, 2005)。

(1)为重要的或有代表性的动植物栖息地及产地、生态系统以及生态过程提供保护。

（2）使相互冲突的人类行为相对分开。

（3）在允许人们合理地开发利用的同时，保护自然和（或）文化特征；以及使受到破坏的区域得到独立保护和恢复。

4.2.2　梅里雪山国家公园四分区管理政策制定

依据 4.1 节探讨的梅里雪山国家公园分区管理内容和要求，针对梅里雪山国家公园最终优选出的功能分区方案，本章制定出下述梅里雪山国家公园四个主要功能分区的分区管理政策。

1.严格保护区

分区描述：严格保护区是梅里雪山国家公园基础保护对象赖以生存的自然生态环境，是建设梅里雪山国家公园的依据。严格保护区(I 区)(见图 3-15)是梅里雪山国家公园自然资源保护的生态保育区域，主要包括海拔4500m 以上的雪山、冰川、高山流石滩、高山灌丛和高山草甸等地表特征和生态系统，也是梅里雪山神山文化标志性象征客体。

管理政策：梅里雪山国家公园对于严格保护区将采取极其严格的管理制度来实现国家公园保护梅里雪山珍贵自然资源和文化资源的目标。禁止任何单位和个人进入，严禁任何性质的商业、娱乐和一般性科学研究活动；禁止任何单位、任何个人进行攀登梅里雪山严格保护区(I 区)的活动。根据《中华人民共和国自然保护区条例》第 27 条、《云南省三江并流世界自然遗产地保护条例》第 13 条的规定，在严格保护区内因科学研究的需要，必须进入从事科学研究观测、调查活动的，应当提前向梅里雪山国家公园管理机构提交申请和活动计划，并经云南省级以上人民政府国家公园行政主管部门批准。

2.生态保育区

分区描述：梅里雪山国家公园生态保育区(II 区)(见图 3-15)是保护森林生态系统中针阔混交林、寒温性针叶林、常绿阔叶林等保护对象的主要区域。

管理政策：该区域可以进行严格控制下的游憩利用和科学研究项目，并逐步减小在该区域的社区利用。

梅里雪山国家公园允许在生态保育区内开展严格管理下的小规模荒野体验活动和生态旅游活动，包括观鸟、观花、徒步、探险、野营、摄影等；允许开展科学研究项目和教学实习活动(科研项目需得到梅里雪山国家公园管理部门的审批)。该区域允许沿用社区居民传统的放牧露营地，为生态旅游者提供小规模的、简易的住宿及其他设施。在社区管理方面，梅里雪山国家公园将在环境可接受的改变极限之内，适度满足当地社区对本区资源的需求，包括社区的放牧和采集活动。鼓励本区域梅里雪山社区居民外迁。

3.游憩展示区

分区描述：梅里雪山国家公园游憩展示区（III 区）（见图 3-15）包括澜沧江东岸的大部分地区和梅里雪山西岸地区的低海拔部分地段，主要包括热河谷灌丛等地表特征。这些地区自然资源敏感性一般，具有较高的景观价值。对于梅里雪山国家公园的游憩功能而言，它是梅里雪山国家公园旅游者活动的主要集中区域，也是梅里雪山国家公园进行旅游观光、公众教育、户外游憩的重点区域。

管理政策：该区域允许开展一定规模的户外休闲游憩活动，允许修建永久性机动车道路，允许在特定区域修建低密度、环境友好型、小规模、永久性的接待住宿设施，允许在特定地点开展半原始的露营和房车露营。梅里雪山国家公园将在游憩展示区完善交通、住宿、管理、医疗、环卫等旅游设施，推动梅里雪山国家公园生态旅游业的发展，同时为当地社区创造新的发展机会。

4.一般管制区

梅里雪山国家公园的一般管制区由传统利用亚区和公园服务亚区两部分组成。

1)公园服务亚区

分区描述：梅里雪山国家公园服务区（IV 区）（见图 3-15）可以用于建设高水平的专业性旅游服务接待区，并以国际上通行的商业运作模式规划建设，打造梅里雪山国家公园度假、休闲旅游产品。

管理政策：梅里雪山国家公园服务区将尽可能减少旅游设施和旅游活动对自然景观的影响，并在建筑布局和建筑风格上进行统一规划和管理；梅里雪山国家公园游客服务中心、公园入口、大门、国家公园博物馆和管理机构也设于服务区。

2)传统利用亚区

分区描述：传统利用亚区（V 区）（见图 3-15）是梅里雪山社区居民生产、生活的主要集中区域，也是梅里雪山民族、民俗文化的主要传承地和展示区。

管理政策：保护梅里雪山国家公园内社区的根本利益。鉴于目前梅里雪山国家公园内社区的传统生计和初级的乡村旅游对公园资源构成的较大威胁和压力，梅里雪山国家公园将以建设环境友好型社区为导向，引导和改善区内社区居民传统的生活、生产方式，推动社区乡村旅游业，减小乡村居民对梅里雪山的资源消耗，实现公园社区的可持续发展。

4.2.3　梅里雪山国家公园四分区管理政策的分类细化

表 4-8 是梅里雪山国家公园四个功能分区的具体分类管理措施。

表 4-8　梅里雪山国家公园四分区分类管理措施一览表

| | | 严格保护区 | 生态保育区 | 游憩展示区 | 一般管制区 | |
					传统利用区	公园服务区
			自然资源分区管理政策			
分区资源管理	资源状态描述	自然资源将主要处于原始状态，脆弱的和独特的资源将得到保护。保护自然过程的完整，包括保护生物多样性和生态系统过程的运行，将成为管理的头等大事。资源改变或者退化的可承受力将会非常低	自然资源将主要处于原始状态。保护自然过程的完整，包括保护生物多样性和生态系统过程的运行，将成为管理的头等大事。资源改变或者退化的可承受力将会低	自然资源将保持非常好或良好的状态，与原始地带的原始性质接近或匹配。在一些地方，资源状态会显现人类利用的痕迹。周边社区土地发展的景象会得到呈现。资源改变或者退化的可承受力将会降到中等程度	资源状态显现明显的人类利用痕迹。资源改变或者退化的可承受力将由中等程度升至高级水平	自然资源可以大手笔地修改和创造，以适应和承受游客高密度的使用。资源改变或者退化的可承受力将由中等程度升至高级水平
	地质过程、地貌及土壤	地质过程和地貌将保持在自然状态下。由于极低的使用水平，允许最小的土壤侵蚀	地质过程和地貌将保持在自然状态下。由于低水平的使用、合理的路径和设施设计，允许较小的土壤侵蚀	地质过程和地貌可能会由于设施的建设有一定改变。由于中等水平的使用、合理的路径和设施设计，允许较小或中等程度的土壤侵蚀。沿途小径和路边允许较小的土壤侵蚀	地质过程和地貌可能会由于社区的生产、生活活动有一定改变。由于较高水平的使用、合理的路径和设施设计，允许中等或较高程度的土壤侵蚀	大手笔地改变地质过程和地貌，为游客使用和公园运营提供设施。由于游客和行政的高密度使用，允许较高程度的土壤侵蚀
	植被	最大限度地保持本土植被群落和模式。定期监测植物群落，积极控制外来入侵物种	最大限度地保持本土植被群落和模式。由于游客一定程度的使用，外来植物物种的入侵可能高于未开发地带。在可能的地方控制物种入侵	尽可能保持本土植被群落和模式。由于游客使用程度较高，外来植物物种的入侵可能性也很高。在可能的地方控制物种入侵	在可能的地方保持本土植被群落和模式。社区应努力保持周边林地的原貌和密度。在可能的地方采取措施，侦测、防止和控制外来植物物种的入侵	适当的本土物种将用于现有设施周围的美化。采取措施，侦测、防止和控制外来植物物种的入侵
	野生动物栖息地	保存和保护敏感性资源、自然条件和栖息地将是该地带的头等大事。栖息地将尽可能地得到恢复	野生动物栖息地的保护将是该管理地带的基本目标。保持自然状态，尽可能地恢复栖息地	尽可能减少旅游活动对野生动物的影响，如道路的破坏以及栖息地的破坏等。通过使用多种技术，如安装方便野生动物通行的涵洞、分流车辆到其他的路线以及高速设障等，减少对野生动物的不	尽可能减少社区对野生动物的影响例如捕猎、道路的破坏以及栖息地的破坏等。通过使用村规民约和适当的设施设计，减少对野生动物的不利影响	通过适当的设施设计和选址，消除对野生动物和栖息地的影响。通过使用多种技术，如安装方便野生动物通行的涵洞、分流

续表

	严格保护区	生态保育区	游憩展示区	一般管制区	
				传统利用区	公园服务区
			利影响		车辆到其他的路线以及高速设障等，减少对野生动物的不利影响
噪声和灯光照明	自然声音和黑暗天空将是主要的。敏感和受保护的物种的栖息地要免受噪声的侵扰	自然声音和黑暗天空是常见的。附近村庄的景象和声音偶尔会入侵。敏感和受保护的物种的栖息地要免受或近乎免受噪声的侵扰。公园运营的时间内会偶尔听到来自于旅游者和社区的噪声	自然声音和黑夜天空偶尔会出现。村庄、城镇景象和声音经常会入侵。公园运营的时间内会听到来自于旅游活动的噪声	自然声音和黑夜天空发生在深夜。公园运营的时间内会听到来自于旅游活动的噪声	该区域较少出现自然声音和黑夜天空。经常出现其他公园的游客和声音。公园运营期间导致噪声明显，如环境美化活动等
	人文资源分区管理政策				
神山、圣迹和转经路线	梅里雪山神山崇拜主要客体所在，神圣不可侵犯	区域内神山、圣迹、转经路线作为重要的宗教文化景观资源加以严格保护	区域内神山、圣迹、转经路线作为重要的宗教文化景观资源加以严格保护	不适用	不适用
寺庙、民居和聚落	不适用	寺庙、民居和聚落作为重要的文化景观资源加以严格保护。严格控制新建民居的数量和风格	寺庙、民居和聚落作为重要的文化景观资源加以重点保护和适当利用。控制和引导新建民居的数量和风格	寺庙、民居和聚落作为当地社区重要生产、生活空间加以引导和控制	不适用
分区游憩管理　整体游客经验	不适用	游客将会有非常好的机会与自然独处、冒险、自我发现和自我学习	游客有很多娱乐活动，有一些独处、冒险和自我发现的机会	游客将有机会近距离与社区居民进行深度交流	游客将有机会学习了解国家公园资源知识，得到舒适的基本生活需求，并有许多机会与公园工作人员进行交流

	严格保护区	生态保育区	游憩展示区	一般管制区	
				传统利用区	公园服务区
解释、教育机会	提供远离现场的解说和展示	解释及教育机会是最小的，包括小册子、路边展品和游客安全解说标记。可以提供公园人员带领的旅游团	解释及教育机会是中等的，包括小册子、路边展品和游客安全解说标记。公园工作人员带领的旅游团是合适的，也会有方向和安全等标志	解释及教育机会比较广泛。公园工作人员带领的旅游团是合适的，也会有方向和安全等标志	解释及教育机会比较广泛，包括幻灯片放映、展览、图书、小册子、路边展品和游客安全解说标记。会有路边展品和解说标志的天然小径。会出现由公园人员带领的旅游项目
活动类型	不适用	荒野探险；露营地野营；观察野生生物；观赏自然风光；野外生存体验；科研活动（经相关部门批准）	旅游观光；公众教育；转经活动；骑马在宁静的环境中感受自然；观察部分野生生物（以植物为主）；通过解说系统和观察，学习生物知识	探访当地农户，了解当地人的独特生活方式；购买当地农户生产的土特产品，支持当地经济	各项室内娱乐；放松心情的休闲户外娱乐
设施水平（路径类型见表后说明）	不适用	如果确定有必要允许开发极少量的设施。除资源保护设施之外，新建或现有设施仅限于满足健康、安全的游客使用的最低要求，如必须提供天然步道、简易厕所、露营地和紧急庇护所等。A型路可能会得到开发	该区域可以提供中等数量的地表通道。提供的设施包括标注出来的天然的或铺过的道路、路边的展品、解译步道和路标。任何新的或现有设施将以满足健康、安全的游客使用和其他管理的要求来决定，如必须提供步道、观景台和其他小型游客设施。B/C/D/E型路可能会得到开发	该区域可以农家乐的形式提供一定数量的旅游接待设施。其他旅游设施可以与社区设施整合利用。E型路可能会得到重点开发	该区域允许较高的设施开发。游客设施包括游客中心、急救中心、收费/入口亭/站、路标、野餐区、路边的展品和停车区等。行政设施包括保养、总部管理、停车区和职工住房等。D型和E型路可能会得到开发
	社区产业分区管理政策				

	严格保护区	生态保育区	游憩展示区	一般管制区	
				传统利用区	公园服务区
产业管理	不适用	控制和缩减社区传统产业,鼓励农民积极退耕还林,鼓励社区外迁,鼓励社区开展旅游住宿、高山徒步向导等旅游经营性服务活动	控制社区传统产业的扩展,鼓励农民积极退耕还林,鼓励社区外迁,鼓励社区开展旅游住宿、高山徒步向导、旅游小商品生产和销售等旅游经营性服务活动	鼓励社区发展生态农业、高附加值的绿色种植、生物产业和特色养殖业。梅里雪山国家公园有责任积极开展有效的科研项目,推进梅里雪山社区传统农业用地的使用效率	鼓励社区发展与旅游业相关的小手工业和小型企业,例如,生产矿泉水、旅游纪念品、土特产品等
社区设施分区管理政策					
分区社区管理 医疗设施	不适用	卫生室	卫生室	卫生室	卫生室 急救中心
教育设施	不适用	不适用	不适用	鼓励发展义务教育设施。普及农村中小学义务教育,提高社区教育水平,提高农村学生生活技能	鼓励发展义务教育设施。普及农村中小学义务教育,提高社区教育水平,提高农村学生生活技能
道路与交通	不适用	不适用	实现村村通公路	实现村村通公路,鼓励公共交通系统	实现村村通公路、鼓励公共交通系统,并为社区提供外部交通接口
水电	无	全面改造梅里雪山社区水、电系统,扩容以满足社区生活生产需要,满足发展基于社区的乡村旅游业的需要	全面改造梅里雪山社区水、电系统,扩容以满足社区生活生产需要,满足发展基于社区的乡村旅游业的需要	全面改造梅里雪山社区水、电系统,扩容以满足社区生活生产需要,满足发展基于社区的乡村旅游业的需要	全面改造梅里雪山水、电系统,扩容以满足社区生活生产需要,满足发展基于社区的乡村旅游业的需要

	严格保护区	生态保育区	游憩展示区	一般管制区	
				传统利用区	公园服务区
环卫设施	无	规划建设的污水处理设施，垃圾收集点	规划建设的污水处理设施，垃圾收集点	规划建设的污水处理设施，垃圾收集点	规划建设的污水处理设施，垃圾收集点和转运站
新型能源	无	强制执行生态家园模式，鼓励利用沼气及太阳能等新型能源	强制执行生态家园模式，鼓励利用沼气及太阳能等新型能源	推广生态家园模式，鼓励利用沼气及太阳能等新型能源	推广生态家园模式，鼓励利用沼气及太阳能等新型能源

注：路径类型说明，A 型路为原始的生态小径，这些生态小径仅给经验丰富的户外徒步旅游者使用，主要运用于高海拔、低利用区的进入。生态小径一般主要是当地社区居民使用后自然形成的小路。

B 型路为自然小径，经过铺设的栈道或者是沙砾路面，主要为大多数户外运动经验不足的游客步行设计并尽量保持较高的徒步旅游标准。除了日常管理使用外，自然小径禁止马匹的使用。

C 型路为人马驿道，这样的道路将会对普通徒步者和大众骑马游客开放。

D 型路为多用途小道，供游客骑马、徒步和骑自行车使用的多用途道路。

E 型路为机动车道，有硬质铺装的机动车道

4.3　分区管理指标监测体系设计

设计国家公园分区管理指标监测体系的根本目的是为管理者提供明确的管理行动指南。因为，一旦能够把国家公园分区管理政策转换成可以衡量和测定的定量指标变量，其工作人员就可以明确判断公园所处状况，并在必要时采取管理行动。例如，国家公园某一分区的管理政策可能被描述为尽可能保持自然，并为游客提供体验与自然独处的机会。但很明显，这样一个定性的、大体的分区管理政策还难以帮助公园管理者作出适时决定。因为"自然"如何来衡量？"与自然独处"又如何来衡量？无疑缺乏更加具体的、细致的、可监测和可操作的衡量标准。设计国家公园分区管理的指标监测体系，无疑是对解决上述问题作出的一种有益尝试。此外，明确提出国家公园分区管理的指标和标准还可以帮助游客对到国家公园可能获得的体验有一个合理的预期(NPS,1998)。

4.3.1　分区管理的指标、标准及监测

对国家公园分区管理的指标、标准及监测的设计，美国国家公园管理局积累了丰富的实践经验，本书对其总结如下(NPS,1998)。

1.指标

指标定义为具体的，可衡量的物理、生态或社会变量，以反映一个分区整体

状况。国家公园功能分区管理指标的设计应遵循以下原则。

(1)具体。指标要足够具体而不是仅描述大体条件。例如,前面提到的"与自然独处"就不是一个良好指标,因为它过于简要了,而"沿着路径每天遇到其他旅游团体的机会"无疑会是一个更具体、更有可操作性的指标。

(2)客观。指标应该尽可能客观,如"人们同一时间在国家公园的数量"就是一个客观的指标,因为这是一个绝对的数字,可以通过统计得到切实的数据。相反,"游客在国家公园感到拥挤的百分比"则是一种主观指标,因为它受到游客主观判断和认知的影响。

(3)可靠和可重复。指标的可靠性和可重复性是指在条件相似的情况下管理人员监测到指标的结果应该近似。因为相同指标可能需要由不同的工作人员在不同的时间甚至是不同季节加以监测,指标可靠性和可重复性将决定上述监测活动的质量。

(4)敏感。指标应该足够敏感。当资源使用水平发生变化时,相应的监测指标应作出及时的反应。如果一个指标在公园资源条件发生严重变化之后才会有所反应,那么它将起不到早期预警作用,无法帮助管理者作出及时反应。

(5)无破坏性。指标可能被频繁地测量。但不管如何频繁监测都不应对资源和游客体验造成影响。

(6)有重要意义。指标最重要的特征应该是能够帮助管理者对重要问题进行决策,如游客造成的环境影响可能会损害公园的价值,相关指标就具有重要意义。

2.标准

标准定义为每项指标变量可接受的最低条件。国家公园分区管理标准的设计应遵循以下原则。

(1)可量化。标准应尽可能量化。既然指标是具体的,那么标准就应以一种清晰的、量化的方式表达。例如,一个指标是"在河边每天遇到其他游客的次数",那么标准也许就是"在河边每天遇到其他游客的机会平均不超过两次"。

(2)有时间或空间限定。把时间或空间限定元素加入一个标准中,将帮助表达一个影响在多大范围内可以接受,以及这个影响可能发生的频率。理想的标准通常要求与一个时间段相联系。例如,在上面的例子中,在河边遇到其他群体概率的标准是以"每天"来表达的。

(3)使用概率表达。在很多情况下,在标准中设定发生概率百分比,是一种恰当的做法。例如,某一个标准或许说"在 80%的夏季时间内,沿路径每天有不超过3次遇到其他群体的机会"。这个80%的概率限定,将会容忍在剩余的20%的时间内公园游客利用复杂性和随机性的合理存在。同理,在标准的设定中存在一些差异也许是合理的,如根据假期、周末或者其他独特的高峰旅游期设定不同的标准。

（4）切合实际。标准必须是切合实际的。在某些情况下，管理人员或公众可能喜欢好的而不是可实现的。例如，一个很低但不切实际的游客相遇概率，将会禁止大部分游客使用国家公园资源，这在政治上是不可行的。通常只有在即将失去一个重要资源的时候，才有理由采取如此极端的措施。

3.指标和标准的监测

监测就是系统和定期地测量指标标准。通常在制定国家公园分区管理指标的监测策略时应注意以下三方面要求。

（1）可行性。在需要的时间和地点，人员和设备都可以安排用来进行监测，以及后续的数据分析。

（2）客观性。监测数据要以客观的、科学有效的形式记录。

（3）及时性。当公园管理者需要时，监测数据能及时提供。

对分区管理指标和标准的监测可以起到以下三方面的作用。

（1）监测有助于国家公园管理人员及时了解不同分区所处的状况。

（2）监测能帮助国家公园管理者评估管理行动的有效性。国家公园管理行动往往必须视为一种实验。从根本上说，规划人员和管理人员预测行动后果的能力是有限的，因为关于人们如何和自然或文化资源互动的许多知识是尚未完全掌握的。监测将给管理人员提供具体管理行动带来后果的反馈，这种反馈将会告诉管理者，已经采取的管理行动是否恰当和有效。

（3）监测可以提供支撑制定和执行管理行动的客观数据。如果没有足够的数据支撑，国家公园管理人员的决策无疑会是"本能的"或者是"经验性的"。虽然管理经验是决策的一个重要的组成部分，但是对于利益相关者来说，客观的监测数据收集无疑更具有说服力。

在设定国家公园分区管理指标标准的监测要求时，最为重要的是要确定测量活动的频率、时间和位置，具体的监测程序和方法更多的是取决于被监测的指标。

4.3.2　梅里雪山国家公园分区管理指标体系构建

以梅里雪山国家公园四个主要分区的管理政策为基础，依据前面总结的指标设计原则，针对其三大基本目标，本书构建出了梅里雪山国家公园分区管理的指标体系。

完整的梅里雪山国家公园分区管理指标体系由资源、游憩和社区三大管理指标体系组成。其中，梅里雪山国家公园资源管理指标主要用于测量游客、社区居民对公园生物、物理和(或)文化资源构成的影响。

梅里雪山国家公园游憩管理指标主要用于衡量游客对游客的影响。

梅里雪山国家公园社区管理指标则用于衡量旅游业对社区的影响。

表4-9展示的是资源、游憩和社区三大管理指标体系，包含10项具体管理指标。

表4-9　梅里雪山国家公园分区管理指标体系

资源指标	游憩指标	社区指标
现代人类使用的痕迹； 景观变化； 垃圾和人类废弃物； 自然声音干扰	和其他旅游者的相遇次数； 和大型团体的相遇次数； 可进入性； 管理人员存在的概率	新增建设用地面积比例； 雇佣外来劳力占社区本地劳动力的比例

4.3.3　梅里雪山国家公园四分区指标标准及监测策略设定

表4-10及后面的一系列表格（表4-10～表4-18）是对梅里雪山国家公园分区管理指标的理想条件、具体标准（定量解释这些条件）及监测策略提供的叙事性的详细描述。

表4-10　梅里雪山国家公园分区管理的指标标准

	严格保护区				生态保育区				游憩展示区				一般管制区							
													传统利用区				公园服务区			
分区管理目的	国家公园未受到人类扰动重要的和完整的生态系统，濒危和珍惜的物种的庇护地；有强烈宗教文化禁忌的神山圣地				提供适于白天使用者和过夜使用者的荒野娱乐活动，地方偏远，要求自信，并有大量的时间保证以及全面的提前计划				提供高频使用的旅游线路，一个密集的荒野娱乐活动的机会，这些活动对于白天和过夜使用者及荒野技能或设备有限的人具有相对较好的进入性				维系社区传统的土地利用形态，给游客提供与社区深度交流的机会				为旅游者提供密集和舒适服务的区域			
资源指标和标准	现代人类使用的痕迹	景观变化	垃圾和人类废弃物	对自然声音干扰	现代人类使用的痕迹	景观变化	垃圾和人类废弃物	自然声音干扰	现代人类使用的痕迹	景观变化	垃圾和人类废弃物	对自然声音干扰	现代人类使用的痕迹	景观变化	垃圾和人类废弃物	对自然声音干扰	现代人类使用的痕迹	景观变化	垃圾和人类废弃物	自然声音干扰
	没有	没有	没有	没有	低	没有	低	低	中	有	低	中	高	有	低	中~高	高	有	低	中~高

续表

	严格保护区				生态保育区				游憩展示区				一般管制区							
													传统利用区				公园服务区			
	和其他人的相遇次数	遇见大型团体	可进入性	管理人员存在的概率	和其他人的相遇次数	遇见大型团体	可进入性	管理人员存在的概率	和其他人的相遇次数	遇见大型团体	可进入性	管理人员存在概率	和其他人的相遇次数	遇见大型团体	可进入性	管理人员存在概率	和其他人的相遇次数	遇见大型团体	可进入性	管理人员存在概率
游憩指标和标准	没有	没有	没有	没有	低	有	低~非常低	低	高	有	中	中~高	中	有	高	中~高	非常高	有	高	中~高
	新增建设用地规模	外来劳动力比例			新增建设用地规模	外来劳动力比例			新增建设用地规模	外来劳动力比例			新增建设用地规模	外来劳动力比例			新增建设用地规模	外来劳动力比例		
社区指标和标准	没有	没有			低	低			中	中			高	低			中	中		

表 4-11　现代人类使用的痕迹及景观变化

描述符	描述及标准	监测策略
	现代人类使用的痕迹	
高	在游客的旅程中，每天有 5 次以上机会看见现代设备、景观变化	每 6 个月进行一次监测和调查游客，也可通过工作人员巡逻的持续观察对监测加以补充。
中	在游客的旅程中，每天最多有 5 次机会看见现代设备、景观变化	
低	在游客的每次旅程中，最多有 1 次机会看见现代设备或一处景观变化	
	景观变化	
有	为了游客需要，存在对资源景观明显的修改，如修建的道路、标识、桥梁、设计好的营地、食物储存设施、卫生设施等	
没有	没有明显的为了游客需要而发生的景观改变	

注：“现代设备”包括通信设施、调查仪器、地面机动车辆以及其他相似设施。不包括便携设备(例如，手机、GPS 装置、燃料炉)，如捕野兽的罗网、火器和飞翔机之类的生存设施。具体而言，此处的“景观变化”主要是指自然景观的变化，不包括历史或文化资源，如民居、聚落或其他建筑物、宗教圣迹等。“看到”指的是视觉上的认知，听觉上的认知设置于自然声音干扰标准之内

表 4-12　垃圾和人类废弃物

描述符	描述及标准	监测策略
低	少于 10%的游客看见人类废弃物、厕所用纸或偏远地区的垃圾	每个月进行一次监测，调查偏远地区的游客。通过工作人员在偏远地区巡逻时的观察完成信息的补充

表 4-13　自然声音干扰

描述符	描述及标准	监测策略
非常高	自然声音经常受到机动车噪声的干扰，其中也包括一些很大的噪声。超过 50%的时间都可以听到机动车噪声，或者每天大约会有 50 次的机动车噪声干扰，超过了周边的自然声音。机动车噪声没有超过 60dB	使用监测器对特定区域进行长期的监测。在一些零星的分布点随机取样
高	自然声音频繁受到机动车噪声的干扰，其中也包括一些很大的噪声。任何时段，听到机动车噪声的时间不超过 25%，每天大约会有 25 次的机动车噪声干扰，超过了周边的自然声音。机动车声音没有超过 60dB	
中	自然声音占主导地位，但偶尔也会受到机动车噪声的干扰，只有很少一部分是很大的噪声。任何时段，15%以内的时间会听到机动车噪声，每天大约会有 10 次的机动车噪声干扰，超过了周边的自然声音。机动车声音没有超过 40dB	
低	自然声音占主导地位，机动车噪声极少，而且通常很微弱。任何时段，5%以内的时间会听到机动车噪声，每天大约会有 1 次的机动车噪声干扰，超过了周边的自然声音。机动车声音没有超过 40dB	

注："听到"指的是一个正常人的听力感知。最大的声音等级是假定测量仪器距声源点超过 15m 位置测定。40dB 是典型的居民小区的整体声音水平。60dB 是使用吸尘器的声音水平

表 4-14　旅游者相遇概率

描述符	描述及标准	监测策略
非常高	游客总能遇见其他旅游团。在游线上，游客每天一般会遇到超过 10 个团队	每 3 个月在特定地点进行一次监测，调查不同分区游客。工作人员在巡逻时的观察可以补充信息
高	尽管游客仍有许多独处的机会，但是还是能遇见其他旅游团。游客每天一般会遇到 5 个以上 10 个以内的团队	
中	游客偶尔会遇见其他旅游团，但大部分总是独处的。游客每天一般会遇到 5 个或更少的团队	
低	尽管有时会意外遇见其他旅游团，理想状态下，游客是不会遇见任何旅游团的	
非常低	在偏远地区的旅行中，游客不会遇见其他旅游团	
不适用	该区域内没有相遇概率的标准	
遇见大旅游团		
有	遇到 1 个或两个旅游团，人数可能多于 15 人	
没有	不会遇到人数超过 15 人的旅游团队	

注："遇见"是指旅游者的视觉及听觉对其他的旅游者或使用者存在的认知

表 4-15　可进入性

描述符	描述	监测策略
高	这些区域适宜大众旅游者的使用，不要求很多的时间保证、专业的偏远地区旅行技能、提前计划或自信	这个指标的标准只是定性的描述。决定其级别的措施会出现在规划的其他方面。一旦国家公园规划确定和实施，情况就基本不会改变，因此不需要进行监测
中	这些区域的游客要求有一定自信，但不要求很多的时间保证、专业的偏远地区旅行技能、提前计划	
低	这些区域的游客要求很多的时间保证、一些专业的偏远地区旅行技能、提前计划和较高水平的自信	
非常低	这些区域的游客要求很多的时间保证、专业的偏远地区旅行技能、全面的提前计划和较高水平的自信	

注：通过提供设施或服务将很大程度上决定国家公园的可进入性，也决定旅行的难易

表 4-16　国家公园工作人员

描述符（评价指标）	描述	监测策略
低	工作人员通常会出现在紧急情况和偶尔的巡逻中，这些巡逻会与一些区域的调查和资源监测有关	管理者可以通过巡护记录和报告反映与游客接触的状况。一年一次的游客调查将评估游客与工作人员及研究者之间沟通的数量和质量
中	工作人员会与线路上的游客接触，因此游客可能会注意到工作人员。游客可能偶尔会看见员工或参与到监测项目及一些区域研究的研究者	
高	工作人员频繁地出现，因此游客会与他们有许多接触。游客偶尔会看见员工或参与监测项目及一些区域研究的研究者	

注：该指标仅包括旅游者与行政人员及研究个人之间的交流，并不包括上面所给的相遇率标准

表 4-17　社区新增建设用地规模

描述符（评价指标）	描述	监测策略
低	每年社区新增建设用地规模不会超过上一年建设用地规模的 3%	通过一年一次的社区土地利用状况调查完成
中	每年社区新增建设用地规模不会超过上一年建设用地的 7%	
高	每年社区新增建设用地规模不会超过上一年建设用地的 12%	

注：新增建设用地包括社区住宅建设用地、社区公共服务设施建设用地和社区旅游接待设施发展建设用地

表 4-18　社区雇佣外来劳动力的比例

描述符（评价指标）	描述	监测策略
低	每年社区雇佣的外来劳动力不会超过本村劳动力总数的 10%	通过一年一次的社区社会经济状况调查完成
中	每年社区雇佣的外来劳动力占本村劳动力数量的 10%～30%	

注："外来劳动"是指雇佣公园范围以外的，雇佣时间不少于 3 个月的外务务工者。公园范围内不同社区间的劳动力雇佣不计入总量的计算

4.4　本章小结

国家公园功能分区的目的是管理。好的分区方案能够科学、合理地测绘和划定国家公园内不同的保护和利用水平，分隔有潜在冲突性的人为活动，并形成一系列有相似管理重点、相似开发利用许可程度的"管理区域"。国家公园功能分区管理的最终任务就是针对这些"管理区域"提出最有利于公园管理目标实现的管理政策和措施。

与梅里雪山国家公园三大基本目标及其子目标相对应，本章首先对梅里雪山国家公园功能分区后的资源管理、游憩管理和社区管理应包含的内容和要求进行了总体分析和讨论。在此基础上，结合第 3 最终优选出的梅里雪山国家公园最终功能分区方案，提出和制定了梅里雪山国家公园严格保护区、生态保育区、游憩展示区和一般管制区的分区管理政策。

设计国家公园分区管理指标监测体系的实质是想推动国家公园分区管理的定量化。因为，一旦能够把国家公园分区管理政策转换成可以衡量和测定的定量指标变量，其工作人员就可以明确判断国家公园所处状况，并在必要时采取管理行动。基于上述认识，针对梅里雪山国家公园的保护、旅游和社区三大基本目标及其子目标，本章提出和构建了梅里雪山国家公园分区资源管理、分区游憩管理和分区社区管理三套管理指标体系和之对应的监测要求。并在此基础上，依据梅里雪山国家公园不同功能分区的管理政策和保护利用等级，设定了梅里雪山国家公园四大功能分区的指标标准。

第5章 结论与展望

本章主要是在前面章节研究的基础上，对研究涉及的几个基本理论问题和实证研究进行概括和提炼，总结出具有规律性的结论和创新点，并提出有待进一步研究的问题。

5.1 主要研究结论

合理借鉴国外国家公园的成功经验，有效克服我国现有保护地管理模式的不足，探索我国生态敏感和脆弱区保护与发展并重、人与自然和谐的可持续发展之路，既是云南探索国家公园保护地模式的基本思路与总体目标，也是本书的立足点。以梅里雪山国家公园功能问题为切入点，本书对我国国家公园管理目标的设定、功能分区方法的设计，以及分区后的管理等三个方面的内容，展开了理论结合实证的深入研究，主要结论性内容总结如下。

5.1.1 提出了我国国家公园管理目标设定的思路

国家公园管理目标的设定不但会对其发展方向和成败构成直接影响，还将决定其所属的国际保护地类型(IUCN,1994)。因此，如何设定国家公园管理目标是探索有中国特色国家公园道路的一个关键性问题。针对这一问题，本书提出图 5-1 所示的能同时兼顾国际惯例和我国国情的国家公园管理目标设定思路。依据该思路，我国国家公园管理目标的设定，将分为国际性管理目标设定和本地性管理目标设定两部分。其中，国际性管理目标的设定用于奠定拟建国家公园所属的国际保护地类型，其设定的内在逻辑是"从公园具有价值、意义出发设定管理目标"，其设定的形式需与国际惯例相一致；而本地性管理目标则可根据拟建国家公园面临的具体威胁和挑战设定，其设定的内在逻辑是"从公园面对的威胁、挑战出发设定管理目标"。

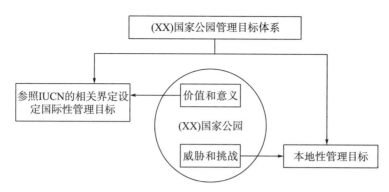

图 5-1　适合我国国情的国家公园管理目标设定思路

5.1.2　构建了梅里雪山国家公园管理目标体系

　　基于对梅里雪山国家公园的价值、意义以及面临的威胁和挑战的深入分析和评估，按照前面提到的国家公园管理目标设定思路，本书构建出由 1 个总目标、3 个基本目标、9 个一级子目标、37 个二级子目标组成的梅里雪山国家公园管理目标体系，如表 5-1 所示。该管理目标体系将为后续国家公园管理目标体系的设定提供很好的示例和参考。

表 5-1　梅里雪山国家公园管理目标体系

总目标	基本目标	一级子目标	二级子目标
实现梅里雪山地区可持续发展	保护目标	以与价值本身重要性相符的方式保护梅里雪山国家公园的重要价值	保护公园重要生境、生态系统和物种不受干扰
			维护公园生态的稳定性和自然的演化
			维护公园自然、文化的多样性
			维护并提高公园环境质量
			维护并提高公园景观质量
			以与社区合作的方式保护公园文化资源
			保护公园的其他重要的价值，尽量减少重要自然、文化价值的流失
		修复已经退化或正在退化的资源	对现存/潜在威胁因素及其根源进行分析和研究
			对公园价值造成影响的因素和影响本身进行控制和管理
			对已退化的资源进行必要的修复
		提升资源价值，巩固并提高系统活力	维持公园自然和文化的协调关系
			构建相关知识体系，提升区域文化价值、研究价值
			根据最新的信息和科学；及时进行必要且适当的价值更新，保持系统活力
	旅游	运用与公园自	鼓励公众进入公园中，学习、体验和欣赏公园的自然和文化遗产

总目标	基本目标	一级子目标	二级子目标
	目标	然、文化价值保护相符的方式，使人们更好地认识、了解梅里雪山国家公园	通过多种渠道帮助公众认识和理解公园自然和人文资源价值，发挥旅游对公众的教育功能，提高公众对公园价值的认同感
			鼓励公众积极参与公园的管理工作，帮助公园获取最广泛的支持
		满足旅游者的合理需求，提高游客体验度	鼓励公园提供与其自然和文化资源价值相符的旅游产品和服务
			重视旅游者的体验价值，确保旅游者对游憩机会和设施的可得性、提供的各种服务和在梅里雪山国家公园内的体验质量有较高满意度
			提供针对大众旅游者的高品质易得的旅游产品和服务
			提供满足特定旅游者合理需求的旅游产品
			确保旅游者在旅游过程中的人身财产安全
		尽量减少旅游对社会、文化、经济和生态方面的负面影响	对公园的人为利用进行可持续管理，如有必要，对社会和环境影响进行必要的界定，使它们不会对管理目标产生过大影响
			引导游客以负责的方式，合理使用公园提供的产品和服务，以保护公园的价值
		促进地方经济发展	改善当地和区域的经济
			为当地商业和就业提供机会
			创造更多收入，用于公园的养护
	社区目标	保护社区的根本利益，促进社区发展	保护梅里雪山国家公园内社区的根本利益不受损害
			在不损害国家公园的资源及价值的前提下，公园管理局有责任为社区建设与环境相容的基础设施、公共服务设施，为社区发展提供条件
			简化社区参与程序，鼓励参与保护区资源的保护和开发
			帮助社区发展与环境和谐的生活方式
			帮助社区建立旅游企业与社区的合作关系
			正确处理旅游开发过程中社区内外部的各种关系
			保持社区的和谐与稳定，促进社区社会、经济和文化协调发展
		提高社区对公园和自身价值的认识	运用多种方式展示"国家公园"，促进社区对它的了解、认可，进而支持对"国家公园"实施的保护
			培养"国家公园"对社区形成重要的、不可缺少作用，使社区参与到公园的保护中
			对社区自身的价值进行界定、保护，在适当的地方用社区接受的方式将这些价值展示给游客和其他社区
			提高社区对自身价值保护的参与程度，通过自发组建民间组织，实现对社区价值的保护

5.1.3　设计了"基于多准则决策的国家公园功能分区方法"

国家公园功能分区的本质是一个在多目标基础上对土地属性进行评估的决策问题(Geneletti et al., 2008)。基于我国国家公园及其管理目标的特点和要求，本书尝试把运筹学中的多准则决策理论和方法引入国家公园的功能分区方法的设计中，提出了"基于多准则决策的国家公园功能分区方法"。该方法把多准则决策中的多目标决策方法和多属性决策方法分别应用于国家公园功能分区方案的设计和优选过程，并通过与 GIS 技术相结合，从根本实现了国家公园功能分区的定量化，极大地提高了国家公园功能分区方案设计与调试的效率和可沟通性。此外，由于该方法的设计还集中体现了下述"4 个多"，因而对处于各种复杂条件下的国家公园功能区划都将具有良好的适用性。

(1)统筹兼顾了国家公园相互冲突的"多"个管理目标。

(2)考虑了影响目标实现的"多"种因素。

(3)模拟"多"种发展情景。

(4)强调了国家公园功能分区"多"方案的评价和优选。

5.1.4　完成了梅里雪山国家公园功能分区方案的设计和优选

在"基于多准则决策的国家公园功能分区方法"的实证研究中，考虑到数据的可得性，梅里雪山国家公园的三个基本目标"保护目标、社区目标和旅游目标"被确定为决策的目标层。三个基本目标的影响因子和权重通过向不同领域的专家咨询获得。使用融合 GIS 技术的多目标线性规划方法，本书首先得出了三张梅里雪山国家公园的单目标适宜性评价图，分别为梅里雪山国家公园旅游目标适宜性评价图、梅里雪山国家公园社区目标适宜性评价图和梅里雪山国家公园保护目标适宜性评价图。

基于对梅里雪山国家公园主要利益相关者的调查和分析，本书总结和归纳出梅里雪山国家公园的 4 种发展取向，分别代表环保主义者、旅游开发商、社区居民和政府主管部门等 4 个主要利益相关群体对梅里雪山国家公园未来发展持有的看法。按这 4 种发展取向，叠加三张单目标适宜性图，最终得到了 4 套模拟不同发展取向、代表不同利益相关群体的梅里雪山国家公园功能分区方案。分别是代表环保主义者的突出强调保护方案(方案一)；代表旅游开发商的突出强调旅游方案(方案二)；代表当地百姓的突出强调社区方案(方案三)；代表主管部门的协调发展方案(方案四)。

根据梅里雪山国家公园的管理目标体系以及保护生物学、景观生态学、游憩管理等相关理论，本书制定出了 9 条分区方案评价标准：①主体保护区域面积；②保护对象被保护状况；③主体保护区景观格局（以上三条标准主要是针对梅里雪山国家公园保护目标及其子目标）；④游憩展示区面积；⑤游憩展示区景观多样性；⑥游憩展示区及一般控制区包含现有机动车道长度（以上三条标准主要是针对梅里雪山国家公园旅游目标及其子目标）；⑦社区传统土地利用形态维系状况；⑧一般控制区连通性；⑨非主体保护区域面积（以上三条标准主要是针对梅里雪山国家公园社区目标及其子目标）。

使用 IDRISI、MATLAB、FRAGSTATS 等相关的软件，本书完成了上述 9 条标准、23 个具体评价指标项在 4 个方案中的定量评价。对定量评价结果进行归一化处理后，采用多属性决策中的层次分析法完成了梅里雪山国家公园功能分区方案的优选。

最终的定量研究结论显示，视保护、游憩和社区目标同等重要的协调发展方案（方案四，其权重总值为 0.353064）要明显优于突出强调其中任何一个目标的方案（方案一：突出强调保护方案权，其重总值为 0.238434；方案二：突出强调旅游方案，其权重总值为 0.164130；方案三：突出强调社区方案，其权重总值为 0.244372）。应该说，这样的实证研究结论，再次突出和展现了中国国家公园的特色，对统一我国国家公园参与各方的认识具有重要的促进和启发意义。

5.1.5　制定了梅里雪山国家公园分区管理政策和指标监测体系

国家公园功能分区的最终目的是提出有针对性的分区管理政策和措施。针对梅里雪山国家公园的三个基本目标及其子目标，本书对梅里雪山国家公园分区后的资源管理、游憩管理、社区管理的内容和要求进行了分析和整理。在此基础上，结合梅里雪山国家公园最终优选出的功能分区方案，制定出梅里雪山国家公园严格保护区、生态保育区、游憩展示区和一般管制区等四个主要分区的资源、游憩和社区管理政策。

为帮助梅里雪山国家公园的管理人员能够明确判断各个分区所处状况，并在必要时采取管理行动。依据梅里雪山国家公园的保护、旅游和社区三大基本目标及其子目标，本书提出了梅里雪山国家公园分区资源、游憩和社区管理的 10 项具体监测指标，并对每项指标的具体监测要求进行了详细说明。在此基础上，根据不同分区允许的保护和利用等级水平，确定了 10 项监测指标在梅里雪山国家公园的严格保护区、生态保育区、游憩展示区和一般管制区四个主要分区中的定量标准，为推动梅里雪山国家公园分区管理的定量化进行了有益尝试。

5.2　主要创新点

5.2.1　设计了"基于多准则决策的国家公园功能分区方法"

基于对以往国家公园功能分区理论框架或方法设计思想的分析和总结，结合我国国情，以及梅里雪山国家公园功能分区面临的实际问题，本书创新性地提出了"基于多准则决策的国家公园功能分区方法"。该方法与以往国家公园功能分区理论框架或方法相比，有以下三方面的明显不同。

（1）该方法首次把多准则决策中的多目标、多属性数学决策方法引入国家公园功能分区方法设计中，实现了国家公园功能分区方案设计和优选的定量化，提高了国家公园功能分区决策的科学性和透明性。

（2）该方法集中体现了"4 个多"，即统筹兼顾了国家公园相互冲突的"多"个管理目标，考虑了影响目标实现的"多"种因素，模拟"多"种情景，突出强调了"多"方案的比较和优选。

（3）该方法具有良好的普适性，能推广应用于处于各种复杂情况下的国家公园功能区划。

5.2.2　把定量指标管理方式引入我国国家公园的分区管理中

定性的分区管理政策是我国自然保护区、风景名胜区的分区管理的主要依据。由于这些管理政策一般描述得都比较笼统和含糊，导致我国自然保护和风景名胜区的管理人员对各个分区所处的状态，以及是否需要采取必要的管理行动，一直感到难以识别和判断，而这也正是我国自然保护区和风景名胜区分区管理成效不佳的重要原因之一。鉴于此，本书尝试把定量化的指标管理方式引入国家公园的分区管理中，为管理者提供恰当而明确的使用水平指南。通过设定管理指标，确定指标在不同分区的定量标准和监测要求，可以帮助国家公园的管理人员明确判断不同分区所处的状况，及时采取必要的管理性行动，提高国家公园管理的效率和效果。此外，明确提出国家公园各分区管理的指标和定量标准，还可以帮助旅游者对到国家公园可能获得的体验有一个合理的预期。

5.3　有待进一步研究的问题

以梅里雪山国家公园的功能分区问题为切入点，本书对我国国家公园的管理目标体系设定、功能分区方法的设计，以及分区后的管理等三个方面的内容，展开了理论结合实证的深入研究，研究的结果具有一定的理论与现实意义。然而，国家公园的功能分区是一个复杂的系统问题，本书的探讨仅仅是初步研究，更加深入、细致的研究可从以下几方面展开。

5.3.1　探索引入更多的多准则决策方法

在本书提出的"基于多准则决策的国家公园功能分区方法"中，设计方案阶段选用的是融合 GIS 技术的标准线性/整合规划方法，而评价和优选方案阶段选用的则是层次分析法。在接下来的研究中，可以尝试选用其他的多准则决策方法，如启发式算法、遗传算法（GA）等。

5.3.2　构建具有普适性的分区方案评价指标体系值得深入研究

国家公园功能分区方案评价和优选不但是一个需要多学科知识交叉的难点问题，也是一个研究的空白点。综合保护生物学、景观生态学、游憩管理和社区管理的相关理论，构建一套系统的、对我国国情具有一定普遍适用性的国家公园功能分区方案评价指标体系不但可以填补相关理论研究的空白，还可以对我国国家公园的功能区划工作提供规范性的技术支撑。

5.3.3　优选方案的完善值得进一步探讨

必须指出，采用"基于多准则决策的国家公园分区方法"设计和优选出的功能分区方案是少数非劣解中的相对最优解，仍有进一步优化的余地。例如，如何对计算机定量分区造成的碎片进行适当的归并和整合，就需要在本书的基础上进行更为深入的探讨了。

5.3.4　分区后的社区管理研究仍需深入

虽然在本书设计的分区方法中，社区已经被置于与国家公园保护和游憩同等重要的地位，但梅里雪山国家公园功能分区的实证研究结果，还是再次显现出解决我国国家公园社区问题的困难性。首先，由于所处位置不同，不同社区可能获得的发展机会差异很大，社区均衡收益难以实现；其次，管理社区对国家公园生态保育区内的资源利用，尺度难以把握，操作极为困难；最后，划分到国家公园传统利用亚区之外的少数社区，增加了国家公园对社区统一管理的复杂性。当然，上述问题的解决肯定不能仅靠功能分区，但相关研究仍值得进一步深入。

参 考 文 献

陈飙，杨桂华.2008.梅里雪山雨崩村旅游社区参与的组织形式与分配制度[J].思想战线，（3）:127-128.

陈斌. 2002.安徽敬亭山国家森林公园开发利用探讨[J]. 林业调查规划，27（3）: 50-52.

陈娟.2014.云南省香格里拉普达措国家公园生态旅游环境承载力研究[J].林业经济，（3）：112-117.

陈水源，李明宗.1985.游憩机会序列：一个可供规划、管理及研究的架构[C]. 游憩机会序列研究专论选集.

陈鑫峰.2002.美国国家公园体系及其资源标准和评审程序[J]. 世界林业研究，15（5）：49-55.

陈兴中，方海川，汪明林. 2005.旅游资源开发与规划[M]. 北京：科学出版社.

陈勇.2006.风景名胜区发展控制区的演进与规划调控[D].上海：同济大学.

陈紫娥，徐国士，林益厚，等.2006.太鲁阁国家公园高山地区土地资源变迁之调查分析[J].资源科学，28（3）：158-164.

程健.2008.国家公园规划建设研究——以丽江老君山国家公园规划为例[D]. 重庆：重庆大学.

程绍文，徐菲菲，张捷.2009.中英风景名胜区/国家公园自然旅游规划管治模式比较—以中国九寨沟国家级风景名胜区和英国 New Forest（NF）国家公园为例[J].中国园林，43（7）：43-47.

董波.1996.美国国家公园：起源、性质和功能[J].黑龙江水专学报，（2）：69-74.

董波.1997.美国国家公园系统保护区规模的变化特征及其原因分析[J].世界地理研究，6（2）：98-104.

董晓英，王连勇.2008.卡卡杜国家公园的规划与管理及对我国森林公园发展的启示[J].中国林业经济，91（4）:34-37.

段森华，张敏.2000.关于滇西北地区保护与发展行动计划研究框架与内容的思考[J].经济问题探索，9：92-93.

范建蓉.1992.利用遥感技术编制 Kanha 国家公园森林植被类型图[J].中南林业调查规划，40（2）：58-59.

费宝仓.2003.美国国家公园体系管理体制研究[J].经济经纬，121（3）：121-123.

傅伯杰，陈利顶，马克明，等.2001.景观生态学原理与应用[M].北京：科学出版社.

傅伯杰，陈利顶.1996.景观多样性的类型及其生态意义[J].地理学报，51（5）：454-462.

辜寄蓉，范晓.2002.九寨沟旅游景观资源保护和规划中 GIS 的应用[J].地球信息科学，（2）：100-102.

官卫华，姚士谋. 2007.国外国家公园发展经验及其对我国国家风景名胜区实践创新的启示[J]. 江苏城市规划，2:27-30.

郭建强，杨俊义.2001.九寨沟旅游地质资源特征及可持续发展[J].中国区域地质，20（3）：322-327.

国家林业局.2008.国家林业局关于同意将云南省列为国家公园建设试点省的通知[EB].http：//www.forestry.gov.cn/distribution/2008/06/16/zwgk-2008-06-16-5193.html.

国立公园协会.2000.自然公园之介绍手册，日本.

韩相壹.2003.韩国国立公园与中国国家重点风景名胜区的对比研究[D].北京：北京大学.

郝文康.1987.试论我国国家自然公园的建立[J]. 东北林业大学学报，15（3）：102-107.

何才华，熊康宁.1992.关于新西兰的国家公园建设与管理研究[J].贵州师范大学学报（自然科学版），10（1）：1-8.

胡宏友.2001.台湾地区的国家公园景观区划与管理[J].云南地理环境研究，13（1）：53-59.

黄丽玲.2007.我国自然保护地功能分区及游憩管理研究[D].北京：中国科学院地理所.

黄丽玲，朱强，陈田.2007.国外自然保护地分区模式比较及启示[J].旅游学刊，22（3）：18-25.

黄向.2008.基于管治理论的中央垂直管理型国家公园 PAC 模式研究[J].旅游学刊，23（7）：72-80.

简光华，杨宇明，叶文.2007.香格里拉国家公园普达措[N]，光明日报，（3）:6-21.

金鉴明，王礼嫱，薛达元.1991.自然保护概论[M].北京：中国环境科学出版社:213-312.

金利霞，方立刚，范建红.2007.我国地质公园地质科技旅游开发研究—美国科罗拉多大峡谷国家公园科技旅游开发之借鉴[J].热带地理，27（1）：66-70.

九洲地区自然保护事务所.2000.九洲的国家公园野生动物[J].环境厅自然保护局，日本.

李道进，逢勇，钱者东，等.2014.基于景观生态学源—汇理论的自然保护区功能分区研究[J].长江流域资源与环境，23（Z1）：53-59.

李纪宏，刘雪华.2006.基于最小费用距离模型的自然保护区功能分区［J］.自然资源学报，21（2）：217-224.

李经龙，张小林，郑淑婧.2007.中国国家公园的旅游发展[J].地理与地理信息科学，23（2）：109-112.

李如生.2002.美国国家公园的法律基础[J].中国园林，6（5）：6-12.

李如生.2005.美国国家公园与中国风景名胜区比较研究[D].北京：北京林业大学.

李铁松，冉继.2000.滇西北国家公园的可持续发展研究[J].四川师范学院学报(自然科学版)，21(3)：283-286.

李小双，张良，李华，等.2012.浅析自然保护区功能分区[J].林业建设，(2)：24-27.

李忠东.2009.黄石国家公园：经营管理多措并举[J].中国绿色时报，(4).

梁学成，郝索.2004.对旅游复合资源系统的价值分析[J].旅游学刊，(1)：61-66.

梁学成.2006.对世界遗产的旅游价值分析与开发模式研究[J].旅游学刊，21(6):16-22.

林洪岱.2009.国家公园制度在我国的战略可行性(二)[J].中国旅游报，(7)：1-3.

林永发.2005.雪霸国家公园武陵地区永续经营之研究[D].新竹：中华大学.

刘昌雪.2006.基于推力—引力因素的旅游动机定量评价研究——以黄山为例兼论与韩国国家公园的比较[J].资源开发与市场，23(1)：13-17.

刘长凤.2008.哲学视角中的旅游价值[J].理论前沿，16：41-42.

刘鸿雁.2001.加拿大国家公园的建设与管理及其对中国的启示[J].生态学杂志，20(6)：50-55.

刘迎菲.2004.中国森林旅游业发展策略研究——加拿大国家公园发展对我国森林旅游业发展的启示[D].北京：北京林业大学.

刘莹菲.2003.澳大利亚国家公园管理特点及对我国森林旅游业的启示[J].绿色中国，(12)：47-48.

刘元.1998.IUCN 国家公园和保护区委员会[J].野生动物，19(4)：21-22.

卢琦，赖政华，李向东.1995.世界国家公园的回顾与展望[J].世界林业研究，(1)：34-39.

马梅.2003a.公共产品悖论—国家公园旅游产品生产分析[J].旅游学刊，18(4)：43-46.

马梅.2003b.国家公园旅游产品价格的公共经济学分析[J].价格理论与实践，(7)：39-41.

马有明，马雁，陈娟.2008.国外国家公园生态旅游开发比较研究—美国黄石、新西兰峡湾及加拿大班夫国家公园为例[J].昆明大学学报，19(2)：46-49.

孟宪民.2007.美国国家公园体系的管理经验——兼谈对中国风景名胜区的启示[J].世界林业研究，20(1)：75-79.

欧晓昆，张志明，王崇云，等.2006.梅里雪山植被研究[M].北京：科学出版社.

欧阳勋志，廖为明，彭世揆.2004.区域森林景观生态功能区划的理论与方法——以江西婺源县为例［J］.江西农业大学学报，26(5)：700-704.

秦志林.2000.群体决策与群体多目标决策的若干理论和方法[D].上海：上海交通大学.

清华大学建筑学院资源保护与风景研究所，北京清华城市规划设计研究院.2002.梅里雪山风景名胜区总体规划[Z].

单之蔷.2005.我们为什么没有过国家公园[J].中国国家地理，(12):22.

申世广，姚亦锋.2004.探析加拿大国家公园确认与管理政策[J].国外园林，91(3)：91-93.

史军义，马丽莎，杨克珞，等.1998.卧龙自然保护区功能区的模糊划分[J]. 四川林业科技，3(1)：6-16.

史宗恺.2008.普达措国家公园提供了方向性的借鉴[N].中国绿色时报.

世界旅游组织.2001.云南省旅游业发展总体规划[M]. 昆明：云南大学出版社.

世界遗产委员会.2005.世界遗产委员会对三江并流的评价[EB/OL].http://roomx.bokee.com/1854835.html.

唐彩玲，叶文.2007.香格里拉普达措国家公园旅游解说系统构建探讨[J].桂林旅游高等专科学校学报，18(6)：828-831.

唐川.1999.台湾地区国家公园建设与发展[J].云南地理环境研究，11(2)：16-23.

唐军，杜顺宝.2005.保护为本，发展为器——天山天池风景名胜区总体规划修编[J].中国园林，21(7)：17-21.

田喜洲，蒲勇健.2004.论我国国家公园旅游产品的供给与价格[J].思想战线，30(6)：125-128.

田世政，杨桂华.2009.国家公园旅游管理制度变迁实证研究——以云南香格里拉普达措国家公园为例[J].广西民族大学学报,31(4)：52-57.

田世政，杨桂华.2011.中国国家公园发展的路径选择:国际经验与案例研究[J].中国软科学,(12)：6-14.

童志云.2008.建设国家公园创新云南生态文明发展方式，见云南省政府研究室、大自然保护协会(TNC)中国部编：云南国家公园建设理论与实践[M].昆明：云南人民出版社.

万敏，陈华，刘成.2005.让动物自由自在的通行—加拿大班夫国家公园的生物通道设计[J].中国园林，17(11)：17-21.

汪洋.2008.基于 GAP 分析的木林子自然保护区功能分区研究[D].武汉：中国地质大学环境科学系.

王金赞.2007.多准则决策方法及其在水安全问题中的应用[D].合肥：合肥工业大学.

王丽丽.2009.国外国家公园社区问题研究综述[J]. 云南地理环境研究，21(1)：73-76.

王连勇.2005.论加拿大国家公园体系中喀斯特旅游资源的可持续利用[A].全国第 19 届旅游地学年会暨韶关市旅游

发展战略研讨会论文集[C].北京：中国地质大学出版社.

王连勇，霍伦贺斯特·斯蒂芬.2014.创建统一的中华国家公园体系——美国历史经验的启示[J].地理研究,33(12)：2407-2417.

王献溥.1989.国家公园及自然保护区现状如何——且看 IUCN 的评估[J]. 环境保护，(4)：28-29.

王献溥.1990.美国大峡谷国家公园的自然特点及其管理模式[J]. 广西植物，10(1)：81-86.

王献溥.2003.自然保护实体与 IUCN 保护区管理类型的关系[J]. 植物杂志，(6)：3-5.

王晓艳.2008.基于灰色多层次理论的地质公园地质遗迹评价体系及实证研究[D].桂林：广西师范大学.

王欣歆，吴承照.2014.美国国家公园总体管理规划译介[J].中国园林，(6)：120-124.

王智，蒋明康，朱广庆，等.2004.IUCN 保护区分类系统与中国自然保护区分类标准的比较[J].农村生态环境，20(2)：72-76.

韦夏婵.2003.美国国家公园制度现状研究与思考[J]. 桂林旅游高等专科学校学报，14(6)：96-99，102.

吴必虎，高向平，邓冰.2003.国内外环境解说研究综述[J]. 地理科学进展，22(3)：326-334.

吴豪，虞孝感.2001.长江源自然保护区生态环境状况及功能区划分[J]. 长江流域资源与环境，10(3)：252-257.

吴良镛.2000.滇西北人居环境(含国家公园)可持续发展规划研究[M]. 昆明：云南大学出版社.

肖朝霞，杨桂华.2004.国内生态旅游者的生态意识调查研究： 以香格里拉碧塔海生态旅游景区为例[J]. 旅游学刊，1(19)：67-81.

肖笃宁，李秀珍，高峻，等.2003.景观生态学[M]. 北京：科学出版社.

谢凝高.1995.世界国家公园的发展和对我国风景区的思考[J].城乡建设，(8)：24-26.

谢屹，李小勇，温亚利.2008.德国国家公园建立和管理工作探析—以黑森州科勒瓦爱德森国家公园为例[J].世界林业研究，21(1)：72-75.

徐国士，黄文卿，游登良.1997.国家公园概论[M].台北：明文书局.

徐玖平，李军.2005.多目标决策的理论与方法[M].北京：清华大学出版社.

徐玖平，吴巍.2006.多属性决策的理论与方法[M].北京：清华大学出版社.

徐胜兰，严岗.2003.论国家公园模式在生态旅游区开发管理中的发展[J].资源调查与环境，24(3)：227-233.

徐守国，郭辉军，田昆，等.2007.高原湿地纳帕海自然保护区功能区分区初探［J］.湿地科学与管理，3(1)：27-29.

璩.美国国家公园运动和国家公园系统的发展历程[J].风景园林，2006，2(4)：22-25.

严include.1991.关于中国国家公园建设的思考[J].世界林业研究，(2)：86-89.

颜磊，杨国良，汪明林.2006.传统旅游目的地生态旅游潜在市场及开发策略初探： 以四川峨眉山风景区为例[J].人文地理，(3)：52-56.

杨桂华，牛卫红，蒙睿，等.2007. 新西兰国家公园绿色管理经验及对云南的启示[J]. 林业资源管理，96(6)：96-104.

杨雷.2000.个体和群体多目标规划有关理论以及多目标交互遗传算法[D].上海：上海交通大学.

杨锐，庄优波，党安荣.2007.梅里雪山风景名胜区总体规划过程和技术研究[J].中国园林，11(4)：62-64.

杨锐.2001.美国国家公园体系的发展历程及其经验教训[J].中国园林，62(3)：62-64.

杨锐.2003.美国国家公园的立法和执法[J].中国园林，63(4)：63-66.

杨锐.2003.美国国家公园规划体系评述[J].中国园林，44(4)：44-47.

杨锐.2003.试论世界国家公园运动的发展趋势[J].园林论坛，10(7)：10-15.

杨锐.2003.土地资源保护—国家公园运动的缘起与发展[J].水土保持研究，10(3)：145-153.

杨艳.2006.湿地国家公园的建立及其生态旅游开发模式研究[D].南京：南京师范大学.

杨宇明.2008.国家公园体系，我们的探索与实践[N].中国绿色时报.

杨子江，杨桂华.2009.旅游对梅里雪山雨崩村的资源利用传统影响研究[J].思想战线，35(3):137-138.

叶文.2008.中国为什么要建国家公园[N].中国绿色时报.

游登良.1994.国家公园—全人类的自然遗产[Z].花莲太鲁阁国家公园管理处.

游勇.2013.国家公园社区参与旅游发展能力建设——以滇金丝猴国家公园响古箐社区为例[J].西南民族大学学报，(5)：157-160.

余菡，刘新，李波.2006.浅析美国国家公园管理经验对我国世界地质公园的启示[J].北京林业大学学报(社会科学版)，5(3)：61-64.

俞孔坚.1999.生物保护的景观生态安全格局[J]. 生态学报，(1)：8-15.

袁晖.2002.浅谈日本的自然公园[J].四川林勘设计，(4)：42-50.

袁南果，杨锐.2005.国家公园现行游客管理模式的比较研究[J].中国园林，27(7)：27-30.

岳超源.2003.决策理论与方法[M].北京：科学出版社.

云南大学旅游研究所.2005.德钦县梅里雪山国家公园雾农顶景区修建性详细规划[Z].

云南大学旅游研究所.2005.梅里雪山国家公园雨崩生态旅游区调查报告[Z].

云南大学旅游研究所.2005.梅里雪山国家公园雨崩生态旅游区开发策划纲要[Z].

云南大学旅游研究所.2007.德钦县梅里雪山国家公园雨崩景区的修建性详细规划[Z].

云南大学旅游研究所.2008.香格里拉梅里雪山国家公园总体规划[Z].

云南大学旅游研究所.2009.香格里拉国家公园准入标准[Z].

云南省政府和国家旅游局.2001.云南省旅游发展规划[Z]. 2001 年云南省政府和国家旅游局审批，2002 年 4 月实施.

则久雅司(日本). 2000.国立公园管理私权之调整[C]. 第 5 回科学交流研讨会—国立公园之管理发表论文集:11-20.

曾风琴.2008.普达措国家公园高原湿地保护与利用[J]. 科技信息，(16)：535-550.

曾沛晴.2002.美国、日本、台湾国家公园经营管理制度之分析研究[D]. 台北：国立东华大学自然资源管理研究所.

扎朵顿珠.2008.德钦县政府五年工作报告[R]. http：//www.deqin.gov.cn/Contect.asp? Rec=125.

翟惟东，马万喜.2000.自然保护区功能区划的指导思想和基本原则[J].中国环境科学，20(4):337-340.

张成渝，谢凝高.2003."真实性和完整性"原则与世界遗产保护[J]. 北京大学学报(哲学社会科学版)，(3)：62 - 68.

张金泉.2006.国家公园运作的经济学分析[D].成都：四川大学.

张晋飚，陈洪德，李晓琴，等. 2007.地质公园离散式点状控制功能分区模式研究——以浙江丽水东西岩地质公园为例〔J〕.四川地质学报，27(1)：40-43.

张倩，李文军.2006.新公共管理对中国自然保护区管理的借鉴：以加拿大国家公园改革为例[J].自然资源学报，21(3)：417-422.

张松涛. 2001.风景名胜区资源管理规划研究[D]. 上海：同济大学.

张晓.1999.国外国家风景名胜区(国家公园)管理和经营评述[J].中国园林，15(65)：56-60.

张议橙，储东华.2007.中国在云南香格里拉建立首个国家公园[N].云南日报.

张一群，孙俊明，唐跃军，等.2012.普达措国家公园社区生态补偿调查研究[J].林业经济问题,32（4）：301-307.

章忠云.2005.云南藏族的神山信仰与村民设计方式研究——以雨崩村为例,见美国大自然保护协会,迪庆州藏学研究会编,藏族文化与生物多样性保护[M].昆明：云南科技出版社.

郑敏，张家义.2003.美国国家公园的管理对我国地质遗迹保护区管理体制建设的启示[J].中国人口·资源与环境，13(1)：35-38.

郑敏.2008.美国国家公园的困扰与保护行动[J].环境研究，10：54-56.

郑云峰.2004.从九寨沟看高黎贡山生态旅游[J].保山师专学报，23(3):48-51.

中华人民共和国环境保护部.2008.云南省人民政府关于加强滇西北生物多样性保护的若干意见[EB/OL].http：//www.zhb.gov.cn/info/gxdt/200803/t20080303_118891.htm.

中华人民共和国自然保护区条例. 2004.http://www.nre.cn/htm/04/flfg/2004-03-25-10837.htm [EB/OL].

钟国庆.2007.美国国家公园的乡土景观设计历史评述[J].风景园林，64(3)：64-67.

钟林生，赵士洞，向宝惠.2003.生态旅游规划原理与方法[M]. 北京：化学工业出版社.

周波.2013.水利风景区水文化遗产保护利用功能分区方法研究[J].河南水利与南北水调，(19)：31-32.

周世强.1997.自然保护区功能区划分的理论、方法及应用[J].四川林勘设计，(3):37-40.

周珍，叶文，马有明.2009.基于供需视角的国家公园与生态旅游关系研究[J].旅游研究，1(1)：58-62.

朱菲，李本振，杨坤武，等.2008.香格里拉大峡谷国家公园规划建设初步研究[J].昆明大学学报，19(4)：36-40.

朱建国，何远辉，季维智.1996.我国自然保护区建设中几个问题的分析和探讨[J].生物多样性，4(3)：175-182.

宗蓓华.1994.战略预测中的情景分析法[J].预测，(2):50-51.

邹永生.美国国家公园申报准则及审议程序[J].资源·产业，2003，5(4)：9-10.

Agardy M T. 1993. Accommodating ecotourism in multiple use planning of coastal and marine protected areas[J]. Ocean & Coastal Management:219-239.

Anderson D, Gorve R. 1981. Conservation in Africa: People, Policies, and Practices[M]. UK: Cambridge University Press.

Baker B B, Moseley R K. Advancing tree line and retreating glaciers: Implications for conservation in northwest Yunnan. P.R. China[J]. Arctic, Antarctic and Alpine Research, 39（2）: 200-209.

Banai R. 1993. Fuzziness in geographic information systems: Contributions from the analytic hierarchy process[J]. International Journal of Geographical Information Systems:315-329.

Berger J, Johnson A, Rose D, et al. 1977. Regional Planning Notebook (course guidelines)[M]. Philadelphia, Pennsylvania: University of Pennsylvania Department of Landscape Architecture and Regional Planning.

Briceño-Elizondo E, Jäger D, Lexer M, et al. 2008. Multi-criteria evaluation of multi-purpose stand treatment programs for Finnish boreal forests under changing climate[J]. Ecological Indicators:26-45.

Bryan B A, Crossman N D. 2008. Systematic regional planning for multiple objective natural resource management[J]. Journal of Environmental Management:1175-1189.

Buckley R. 2001. Environmental Impacts in Encyclopedia of Ecotourism[M]. New York: CABI Publishing.

Buist L J, Hoots T A. 1982. Recreation opportunity Spectrum approach to resource planning[J]. Journal of Forestry, 80(2):84-86.

Burkard R E. 1984. Quadratic assignment problems[J]. European Journal in Operational Research, 13:374-386.

Caddy J F, Carocci F. 1999. The spatial allocation of fishing intensity by port-based inshore fleets: A GIS application[J]. ICES J. Mar. Sci.,56:388-403.

Cambeil J C, Radke J, Gless J T, et al. 1992. An application of linear programming and geographic information systems: Cropland allocation in antigue[J]. Environment and Planning A, 24:535-549.

Canova L. 2006. Protected areas and landscape conservation in the lombardy plain (northern Italy): An appraisal[J]. Landscape &Urban Planning,74(2):102-109.

Carrer S J.1991. Integrating multi-criteria evaluation with geographical information systems [J]. International Journal of Geographical Information Systems, 5(3):321-339.

Chuvieco E. 1993. Integration of linear programming and GIS for land use modeling[J]. International Journal of Geographical Information Systems, 7(1):71-83.

Creachbaum M S, Johnson C, Schmidt R H. 1998. Living on the edge: A process for redesigning campgrounds in grizzly bear habitat [J]. Landscape &Urban Planning,42(2-4):269-286.

Cromley R G, Hanink D M. 1999. Coupling land use allocation models with raster GIS[J]. Journal of Geographical Systems, 1:137-153.

Crossman N D, Ostendorf B, Bryan B A, et al. 2005. OSS: Spatial decision support system for optimal zoning of marine protected areas [A]. Zerger A, Argent R M. Modeling and Simulation Society of Australia and New Zealand[C]:1525-1531.

Dachanee E. 2003. Ecotourism Research and Development in Thailand [A]. Langkawi, Malaysia. Malaysia-Thailand Technology and Business Partnership Dialogue[C]:27-28.

Day J C. 2002. Zoning—lessons from the Great Barrier Reef Marine Park [J]. Ocean Coastal Management:139-156.

de Villa V H, Chen C L, Chen Y S, et al. 2001. Split liver transplantation in Asia[J]. Transplantation Proceedings, 33(1)-(2):1502-1503.

del Carmen Sabatini M, Verdieil A, Iglesias R M R, et al. 2007. A quantitative method for zoning of protected areas and its spatial ecological implications [J]. Journal of Environment Management, 83(2):198-206.

Diamond J M. 1975. The island dilemma: lessons of modern biogeographic studies for the design of natural reserves[J]. Biol.Conserv, (7):129-146.

Dramstad W F, Olson J D, Forman R T T. 1996. Landscape Ecology Principles in Landscape Architecture and Land-use Planning [M]. Harvard Uni: Graduate School of Design, Island Press.

Dudley N. 2008. Guidelines for Applying Protected Area Management Categories [M].Bookcraft Ltd, Stroud, UK.

Eagles P F J, McCool S F, Haynes C D. 2005.保护区可持续旅游——规划与管理指南[M]. 王智,刘祥海,译. 北京：中国环境科学出版社.

Eastman J R, Kyem PAK, Toledano J, et al. 1993. GIS and Decision Making [M]. UNITAR, Geneva

Eastman J R. 1997. Idrisi for Windows, Version 2.0: Tutorial Exercises [M]. Worcester :Graduate School of Geography—Clark University.

Eastman J R. 2001. IDRISI: Guide to GIS and image processing [D]. Worcester :Clark Labs, Clark University.

Epstein N, Vermeij M J A, Bar R P M, et al. 2005. Alleviating impacts of anthropogenic activities by traditional conservation measures: Can a small reef reserve be sustainedly managed [J]. Biological Conservation, 121(2):243-255.

Fernández-Juricic E, Venier M P, Renison D, et al. 2005. Blumstein sensitivity of wildlife to spatial patterns of recreationist behavior: A critical assessment of minimum approaching distances and buffer areas for grassland birds[J].Biological Conservation, 125(2):225-235.

Forman R T T, Godron M. 1986. Landscape Ecology [M]. New York: John Wiley & Sons.

Forman R T T. 1995. Land Mosaics: The Ecology of Landscapes and Regions[M]. London: Cambridge University Press.

Forster R R. 1973. Planning for man and nature in National Parks [R]. Morges, Switzerland: International Union of Conservation of Nature and Natural Resources,26:1-85.

GB50298—1999.风景名胜区规划规范[S].

Geneletti D, van Duren I. 2008. Protected area zoning for conservation and use: A combination of spatial multicriteria and multiobjective evaluation[J]. Landscape and Urban Planning:97-110.

Gerber P J, Carsjens G J, Pak-uthai T, et al. 2008. Decision support for spatially targeted livestock policies: Diverse examples from Uganda and Thailand[J]. Agricultural Systems:37-51.

Ghimire K B, Pimbert M P. 1997. Social Change and Conservation: An Overview of Issues and Concepts[M]. London:

Earthscan Publications Limited:1-45.

Gunn C A.1994. Tourism Planning [M].3rd Ed. London:Taylar & Francis.

Hjortsø C N, Stræde S, Helles F. 2006. Applying multi-criteria decision-making to protected areas and buffer zone management: A case study in the Royal Chitwan National Park [J]. Nepal. Journal of Forest Economics:91-108.

Hockings M, Stolton S, Dudley N. 2005.评价有效性——保护区管理评估框架[M]. 蒋明康,丁晖,译.北京:中国环境科学出版社.

IUCN. 1994. Guidelines for Protected Area Management Categories[M]. IUCN, Gland, Switzerland and Cambridge, UK:IUCN Publications Services Unit.

IUCN.2005.保护区管理规划指南[M]. 陈红梅,喻惠群,译. 北京：中国环境科学出版社.

IUCN.2006. Sustainable Tourism in Protected Areas: Guidelines for Planning and Management [M]. Switzerland: IUCN, UNEP, World Tourism Organization.

IUCN.2001.东亚公园及保护区旅游业指导方针[M]. Cambridge, UK:IUCN Publications Services Unit.

IUCN/UNEP. 2003. United Nations List of Protected Areas [M]. Cambridge, UK:IUCN Publications Services Unit.

Jankowski D, Richard L. 1994. Integration of GIS-based suitability analysis and multicriteria evaluation in a spatial decision support system for route selection [J]. Environment and Planning B, 21 (3):326-339.

Jankowski P. 1995. Integrating geographical information systems and multiple criteria decision making methods [J]. International Journal of Geographical Information Systems:251-273.

Joerin F, The´riault M, Musy A. 2001. Using GIS and outranking multicriteria analysis for land-use suitability assessment [J]. International Journal of Geographical Information Science, 15 (2):153-174.

Kiss A. 1990. Living with Wildlife: Wildlife Resource Management with Local Participation in Africa [M]. Washington, DC: World Bank.

Lee T, Middleton J. 2005. 保护区管理规划指南[M]. 陈红梅, 喻惠群, 译.北京：中国环境科学出版社.

Lin F T. 2000. GIS-based information flow in a land-use zoning review process[J]. Landscape Urban Planning,52:21-32.

Lunn K E, Dearden D. 2006. Monitoring small-scale marine fisheries: An example from Thailand's Ko Chang archipelago[J].Fisheries Research,77 (1) : 60-71.

MacArthur R H, Wilson E O. 1967. The Theory of Island Biogeography[M]. Princeton, NJ :Princeton Univ. Press.

MacKinnon J, MacKinnon K, Child G.1986. Managing protected areas in the Tropics[M]. Cambridge, UK:IUCN Publications Services Unit.

Malczewski J, Chapman T, Flegel C, et al. 2003. GIS-multicriteria evaluation with ordered weighted averaging (OWA): Case study of developing management strategies [J]. Environmental Planning, 35 (10):1769-1784.

Malczewski J. 2000. On the use of weighted linear combination method in GIS: Common and best practice approaches [J]. Transactions in GIS, 4:5-22.

Malczewski J. 2004. GIS-based land-use suitability analysis: A critical overview [J]. Progress in Planning, 6 (2):3–65.

Malczewski J.1999. GIS and Multicriteria Decision Analysis [M]. New York: John Wiley.

McHarg I. 1969. Design with Nature [M]. New York: Natural History Press.

McNeely J A, Miller K R. 1984. National Parks, Conservation and Development: The Role of Protected Areas in Sustaining Society [M]. Washington D. C.: IUCN/Smithsonian Institution Press:825.

McNeely J A. 1990. The future of national parks[J]. Environment, 32 (1): 16-20, 36-41.

Mehta J N, Heinen J T. 2001. Does community-based conservation shape favorable attitudes among locals? An empirical study from Nepal[J]. Environmental Management, 28: 165- 177.

Miller K R. 1996. Balancing the Scales: Guidelines for Increasing Biodiversity's Chances Through Bioregional Management [M]. Washington D.C.: World Resource Institute, 1996.

National Park Service. 1997. The Visitor Experience and Resource Protection (VERP) Framework A Handbook for Planners and Managers [R]. U.S.: Department of the Interior.

National Park Service. 2004. Park Planning [R].U.S:Department of the Interior.

National Park Service. 2006. National Park Management Policies [R]. U.S.: Department of the Interior.

National Park Service. 2009. General Management Planning Dynamic Sourcebook [R].2th ed.U.S.:NPS.

Ndubisi F. 1997. Landscape Ecological Planning: In George Thompson and Frederick Steiner, eds. Ecological Design and Planning [M]. New York: Houston & Sons.

NPS. 1998. Management Policies [M]. U.S. Department of the Interior, National Park Service. Washington, D.C.

NPS. 2006. General Management Plan / Environmental Impact Statement of BADLANDS NATIONAL PARK / NORTH UNIT [R]. U.S.: Department of the Interior.

Olson D, Dinerstein E. 1998. The Global 200: A representation approach to conserving the earth's most biological valuable ecoregions[J]. Conservation Biology, 12 (2): 502-515.

Parks Canada. 1994. Parks Canada Guiding Principles and Operational Policies [M]. Ottawa, Canada: Parks Canada.

Pereira J M C, Duckstein L. 1993. A multiple criteria decision-making approach to GIS-based land suitability evaluation [J]. International Journal of Geographical Information Systems，7 (5)：407-424.

Phillips. 2002. An assessment of the application of the IUCN system of categorizing protected areas, paper prepared for the SaCL Project [EB]. www.cf.ac.uk/cplan/sacl/bkpap-categories.pdf.

Pickett S T A, Cadenasso M L. 1995. Landscape ecology: Spatial heterogeneity in ecological systems[J]. Science, 269:

331-334.

Portman M E. 2007. Zoning design for cross-border marine protected areas: The red marine peace park case study[J]. Ocean Coastal Management, 50:499-522.

Rao K, et al. 2008. Applying the IUCN protected area category system in China ［EB/OL］. http://www.chinabiodiversity. com/indexe.shtm.

Raval S R. 1994. Wheel of life: Perceptions and concerns of the resident peoples for Gir National Park in India[J]. Society and Natural Resources, 7: 305 -320.

Saaty T. 1980. The Analytic Hierarchy Process[M]. New York:McGraw-Hill.

Salafsky N, Wollenberg E. 2000. Linking livelihood and conservation: conceptual framework and scale for assessing the integration of human needs and biodiversity[J]. World Development, 28(8):1421-1438.

Schleyer M H, Celliers L. 2005. Modelling reef zonation in the Greater St Lucia Wetland ParkSouth Africa[J].Estuarine, Coastal and Shelf Science, 63(3): 373-384.

Shaffer M L. 1981. Minimum population sizes for species conservation [J]. BioScience,31:131-134.

Shelford V E. 1941. List of reserves that may serve as nature sanctuaries of national and international importance in Canada, the United States and Mexico[J]. Ecology, (22): 100-107.

Smith C S, McDonald G T.1998. Assessing the sustainability of agriculture at the planning stage[J]. Journal of Environmental Management, 52:15-37.

Stankey G H, Cole D N, Lucas R C, et al. 1985. The Limits of Acceptable Change (LAC) System for Wilderness Planning [R]. U.S.: Department of Agriculture, Forest Service, Intermountain Forest and Range Experiment Station.

Steiner F. 2003. The Living Landscape: An Ecological Approach to Landscape Planning[M].周年兴, 李小凌, 俞孔坚, 译.北京：中国建筑工业出版社.

Store R. 2009. Sustainable locating of different forest uses[J]. Land Use Policy, 26:610-618.

Thom D, 于文鹏.1991.新西兰一个国家公园的环境管理[J].世界环境，(1)：31-35.

TNC. 2003. Meili Project Conservation Area Plan(Version 1.0)[Z].

Trisurat Y, Eiumnoh A, Webster D R, et al.1991. National park zoning: A case study of Phu Rua National Park[C]. Pages in Proceedings of International Workshop on Conservation and Sustainable development Bangkok,20-22(4):188-197.

Troll. 1983.景观生态学[J]. 地理译报,(1): 1-7.

U.S. 1997. Department of the Interior National Park Service, The Visitor Experience and Resource Protection (VERP) Framework A Handbook for Planners and Managers[M].Denver:National Park Service, Denver Service Center.

Uy P D, Nakagoshi N. 2008. Application of land suitability analysis and landscape ecology to urban green space planning in Hanoi, Vietnam[J]. Urban Forestry and Urban Greening, 7:25-40.

Valente R O A, Vettorazzi C A. 2008. Definition of priority areas for forest conservation through the ordered weighted averaging method[J].Forest Ecology and Management, 256(6):1408-1417.

Verdiell A, Sabatini M C, Maciel M C, et al. 2005. A mathematical model for zoning of protected natural areas[J].Journal of International Transactions in Operational Research, 12:203-213.

Walther P. 1986. The meaning of zoning in the management of natural resource lands[J]. Journal of Environmental Management, 22:331-344.

Weaver D. 2004. 生态旅游[M]. 杨桂华, 王跃华,肖朝霞,译, 天津: 南开大学出版社.

Wright G M, Dixon J S, Thompson B H. 1933. Fauna of the National Parks: A Preliminary Survey of Faunal Relations in National Parks. Fauna Series No.1 [M]. Washington, DC: US Government Printing Office.

Wright G M, Thompson B H. 1935. Fauna of the National Parks of the United States Fauna series No.2. [M]. Washington, DC: US Government Printing Office.

Yoo K J. 1996. Land Spectrum Model (LSM) Based on Resource Values and Recreation Opportunities for the Korean National Park System: A GIS-Based Case Study in Sorak Mountain National Park [M]. Korea: Doctor Dissertation.

Young C,Young B. 1993. Park Planning: A training manual (Instructors Guide) [D]. Mweka, Tanzania:College of African Wildlife Management.

Zhang L, Liu Q, Hall N W, et al. 2007. An environmental accounting framework applied to green space ecosystem planning for small towns in China as a case study [J]. Ecological Economics, 60:533-542.

Zhang Z, De Clercq E, Ou X K, et al. 2008. Mapping dominant communities' vegetation in Meili Snow Mountain, Yunnan Province, China using satellite imagery and plant community data. [J]. Geocarto International, 23 (2): 135-153.

附录1 三种基本的国家公园功能分区理论框架

游憩机会谱(recreation opportunity spectrum, ROS)、可接受改变的限度(limits of acceptable change, LAC)、游客体验和资源保护(visitor experience & resource protection，VERP)是三种基本的功能分区理论框架(NPS,1997)。

1.游憩机会谱

ROS 理论是美国森林局(U.S. Forest Service)在美国户外游憩资源评鉴委员会(Outdoor Recreation Resources Review Commission)六类土地资源游憩利用分类的基础上，提出的一种指导户外游憩管理的理论体系(Buist et al., 1982)，目前已在世界各国得到了广泛的应用。

ROS 的基本原理是从游憩体验的角度，将所有的土地划分成为 6 种不同的等级。从原始到现代都市，每种类型的区域都将会满足不同人群的不同需求。使用ROS 需考虑 6 个要素(陈水源等，1985)：可进入性(access)、非游憩资源使用(other nonrecreational resource uses)、现场管理(onsite management)、社会互动(social interaction)、可接受游客影响(acceptability of visitor impacts)、可接受的制度化管理程度(acceptability level of regimentation)，6 个要素与不同环境组合，便形成所谓的游憩机会情境属性(settings)。

ROS 的工作步骤是(IUCN，2005)：①调查并制定可能影响游客体验的(包括物理、社会和管理的因素)详细清单和三维地图；②进行深入的分析(确定其中的矛盾、定义游憩机会类型、整合森林管理计划、提出缓解矛盾的意见)；③制定日程表；④设计；⑤执行计划；⑥监控。工作成果是确定了每个布局中(6 种土地等级——从原始到城镇)所期望的体验机会，以及经历指标、管理参数和指导方针。

泰国清迈省(Chiangmai)在生态旅游分区规划时应用了 ROS 方法。根据土地利用强度，规划人员将清迈省分成了五种类型的区域，强调不同区域不同的游憩体验。在 ROS 基础上，规划者进一步考虑了社会以及管理方面的因素，并得到最终的分区图。这一结果能够指导决策者更加明确发展生态旅游的方向，制定各个区域的生态旅游产品，以及进行合理的市场定位(Dachanee,2003)。

2.可接受改变的极限

LAC 理论是由美国森林署研究者制定的，是用于管理保护区娱乐活动负面影响的一种方法(IUCN，2005)。该方法是一个由游憩环境容量发展而来的概念，然而与游憩环境容量不同的是，LAC 关注的是环境的理想状态，而不是环境究竟能够容纳多少使用量(Stankey et al.，1985)。LAC 理论基于如下五点认识：①为确定各种管理行动所保护的内容，需要先有一些专门设立的目标；②在以自然为主体的系统中，总会存在一些环境变化；③任何游憩利用都会导致一些变化；④管理所面对的问题，就是多大的变化是可以接受的；⑤对管理的结果进行检测是必要的，由此可以确定这些行动是否有效。

LAC 工作框架由四个基本部分组成(Stankey et al.，1985)：①确定可接受的并能实现的社会和资源标准；②确定期望值与现实环境之间的差距；③确定缩小这些差距的管理措施；④监测与评估管理效果。

其具体步骤包括以下九步(Stankey et al.，1985)：①确定规划地区的课题与关注点；②界定并描述旅游机会种类；③选择有关资源状况和社会状况的监测指标；④调查现状资源状况和社会状况；⑤确定每一旅游机会类别的资源状况标准和社会状况标准；⑥根据步骤①所确定的课题、关注点和步骤④所确定的现状制订旅游机会类别替选方案；⑦为每一个替选方案制订管理行动计划；⑧评价替选方案并选出一个最佳方案；⑨实施行动计划并监测资源与社会状况。

运用 LAC 理论对保护地进行分区的最好案例，就是美国蒙大拿州 Bob Marshall 荒野区的规划案例(IUCN,2005)。Bob Marshall 荒野区位于蒙大拿州中部，是一个受法律保护的 Ib 类保护区，主要由 600000hm^2 森林组成，不允许居民进驻。每年从 6 月到 11 月，Bob Marshall 荒野区大约吸引游客 25000 人次，6 月到 9 月只能是徒步旅行和骑马的短途旅行。秋天，主要供大型打猎活动使用。1982 年，美国森林署花了 5 年的时间，制定了一个基于 LAC 理论的规划。该规划致力于研究对荒野、生物物理化学和社会条件多大的改变在可接受的范围内。通过设计一个能融合对荒野的各种看法的公众参与方法，参与者能开展一系列的管理行动，来减少和控制人类对保护区的影响，使其能够达到必要的社会和政治上的可接受性。这个规划分区主要有以下三个特点(IUCN,2005)。

(1)规定建立 4 个利用机会等级(分区)来维护荒野的特性，根据实际情况寻找娱乐使用和人类影响间的平衡。

(2)确定了指标变量——通过监控确保环境条件仍然可以接受，并且用来监测措施的有效性，这些措施用于控制或减少人类的影响。每个指标都存在可衡量的标准，显示什么样的变化范围，是每个分区可接受的自然基线。

(3)依据社会可接受性，明确了每个分区的管理行为。这给管理者提供了一个可选的工具，可以用它来决定什么样的管理行动来控制游客影响是最能够被接受的。这个过程鼓励最少干扰的管理行为，于是分区为管理人类造成的影响提供了框架。每个分区的生物物理化学、社会和管理方面都设定了可接受条件。利用机会等级代表了一系列负面影响的允许程度，利用机会等级Ⅰ区域最为原始，而利用机会等级Ⅳ则相反。具体见附表 1-1。

附表 1-1   Bob Marshall 野生动物综合区里采用 LAC 的利用机会等级分区

分区	设置	描述
等级 1	生物物理化学的 社会的 管理的	未更改自然环境，环境影响最小； 隔绝和孤立，没有明显的人类足迹，极少遇到使用者，给有丰富户外技能的人提供较多越野旅行； 重点强调提高自然生态环境，尽可能减少直接管理游客，与地区外相通(如小路起点或边界的门)
等级 2	生物物理化学的 社会的 管理的	未更改自然环境，环境影响不大； 高度隔离，极少遇到使用者，给独立依靠自己的人提供良好的机会 与地区外相通(如小路起点或边界的大门)
等级 3	生物物理化学的 社会的 管理的	未更改自然环境，一些自然的过程受到游客影响中等的环境影响，经常由旅游的路线和地点带来； 中等隔绝，中等以下频率遇到使用者，给独立依靠自己的人提供中等的机会； 强调提高自然生态环境，例行联系游客，与地区外相通(如小路起点或边界的大门)
等级 4	生物物理化学的 社会的	大致未更改自然环境，环境情况可能受到使用者影响，特别是旅行路线，沿河走廊、沙滩和入口的地方； 中等以下隔绝，经常遇到使用者，经常与环境相互影响，具有中等以下的挑战和冒险

资料来源：Eagles P F J, McCool S F, Haynes C D. 保护区可持续旅游——规划与管理指南[M]. 王智，刘祥海，译. 北京：中国环境科学出版社，2005.

3.游客体验和资源保护

VERP 是 1992 年美国国家公园管理局在吸收前面几种方法的优点之后，专门针对国家公园发展起来的一种分区方法。其设计的基本理念是试图同时维持国家公园自然、文化资源的品质和游客体验品质。这个解释性的、复杂的程序(VERP)尝试在综合考虑各个要素的基础上，通过地图审视和叠加，把理想的游客体验和资源保护综合体分配到公园具体的地理单元上，完成公园分区(NPS，2004)。

VERP 理论包含 9 个要素：①组织一个多学科的项目团队；②制定一个公众参与战略；③确定公园的目的、意义、主要解译主题及规划的限制条件；④分析公园的资源和现有的游客活动状况；⑤描述一个游客体验和资源状况的潜在分区范围(潜在的、描述性的分区)；⑥把潜在的分区指定到公园的特定地理空间(公园管理分区)；⑦为每个分区设定指标和具体标准；⑧监测资源和社会指标；⑨采取管理行动(NPS，1997)。

VERP 方法作为美国国家公园管理局总体管理规划(GMP)进程的一部分，最早在美国 Arches 国家公园试点使用，目前已推广到美国很多其他国家公园。附图 1-1 是根据要素五制定的一个游客体验和资源状况的潜在分区范围，附图 1-2 是根据要素六制定的最终公园分区，附表 1-2 是美国 Arches 国家公园管理分区说明摘要。

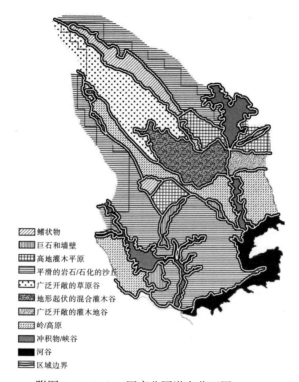

图例：
- 鳍状物
- 巨石和墙壁
- 高地灌木平原
- 平滑的岩石/石化的沙丘
- 广泛开敞的草原谷
- 地形起伏的混合灌木谷
- 广泛开敞的灌木地谷
- 岭/高原
- 冲积物/峡谷
- 河谷
- 区域边界

附图 1-1　Arches 国家公园潜在分区图

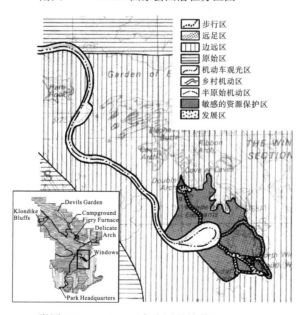

图例：
- 步行区
- 远足区
- 边远区
- 原始区
- 机动车观光区
- 乡村机动区
- 半原始机动区
- 敏感的资源保护区
- 发展区

附图 1-2　Arches 国家公园最终分区图

资料来源：National Park Service. The Visitor Experience and Resource Protection（VERP）Framework A Handbook for Planners and Managers [R]. U.S.: Department of the Interior, 1997.

附表 1-2　Arches 国家公园管理分区摘要

Arches 国家公园管理分区摘要	发展区：发展区主要是旅游设施聚集地，游客在这里的体验依赖于公园提供的设施（如露营地、游客服务中心、主要野餐区）。区域内占有支配性地位的视觉和声音很可能来自于人和汽车
	机动车观光区：机动车观光区也是一个发展区。通常在这个区，游客可以乘车或驾车沿铺设过的公路进行观光体验。这也是多数游客开车沿公园的主要道路穿过拱门国家公园的体验
	步行区：这是一个以自然为主的区域，但会听到和看到很多其他游客。在这区域游客沿着设计好的小路前进，可以看到、闻到、触摸到公园的资源，同时并没感觉远离自己的汽车或公园的设施
	远足区：提供一种融入和消失到自然景观中的感觉，游客会在一定程度上感到远离舒适和便捷，同时必须具备一些时间和体力来体验这个区。区域内唯一的设施是没有铺设过的小路
	边远区：该区也提供一种融入和消失在自然景观中的感觉，并在很大程度上让游客感到远离舒适和便捷。游客必须具备很充分的时间和体力来体验这个区。路标和原始的小路是仅有的设施
	乡村机动区：区域主要是在未铺设的路面提供两轮驾驶体验，给人一种不在本国的感觉。尽管该地区主要是自然的，但能看到和听到其他人。一些辅助设施，如厕所，可能在该地区提供
	半原始机动区：主要提供给人一种在荒地四轮驱动的体验。得到最低限度维护的未铺设道路是提供的唯一设施
	原始区：原始区提供"未受打扰的""原始质朴的"环境体验，让人彻底忘记工作。这一区域不提供任何设施。区域内尽量不让游客相互遇到
	敏感的资源保护区：敏感的资源保护区包含了重要的容易被干扰的敏感资源，或者是如果存在人将产生明显影响的重要视觉资源。除了少数几种例外情况外，公众不允许进入这个区域

资料来源：National Park Service. The Visitor Experience and Resource Protection (VERP) Framework A Handbook for Planners and Managers [R]. U.S.: Department of the Interior，1997.

附录 2　梅里雪山国家公园社区调查表

基本社会统计信息					
编号		户主		所属村寨名	
常住人口(口)		联系电话			
经济构成:					
土地	农田面积(亩)		菜地面积(亩)	荒地面积(亩)	总计
牲畜数量	马	骡子	猪	羊	牛
收入来源	牵马	接待分成	自家接待	人均收入(元)	
参与旅游状况:					
民居调查(附照片):					
结构形式					
屋顶形式					
墙面装饰					
建成时间					
建筑风格保持状况					
改造措施					

附录3　德钦县旅游市场调查问卷

先生/女士：

您好！您现在参与的是云南大学旅游研究所、大自然保护协会、德钦县旅游局联合进行的旅游调查项目。本次调查仅用于科学研究，采用匿名调查并对个人资料保密，请您如实填写。

感谢您的真诚合作！

云南大学旅游研究所、大自然保护协会、德钦县旅游局

2014 年 4 月 10 日

问卷编号：_____　　调查日期：_____　　调查者编号：

■请您在选择项前的"□"打"√"

(1) 您的性别：□男　　　　□女

(2) 您来自_____省/直辖市_____市(地级市)　□香港　□澳门　□台湾
□其他

(3) 您的年龄：

□12 岁以下　□13～22 岁　□23～30 岁　□31～40 岁　□41～50 岁
□51～60 岁　□60 岁以上

(4) 您是：□团队旅游者　□自助旅游者(独自 1 人 、与朋友同行、与家人同行、与同事)

(5) 您若是团队旅游者，参加的团队的规模(团队旅游者填些)：

□10 人以下　□11～20 人　□21～30 人　□31～40 人　□41～50 人
□51～60 人　□61～70 人　□70 人以上

(6) 您的职业：

□公务员　□国有职员　□外企职员　□合资企业　□医生　□律师
□教师　□文化人士　□私营企业主　□学生　□离退休人员
□农民　□个体经营者　□其他

(7) 婚姻状况：□未婚　□已婚　□分居/离婚/丧偶

(8) 月收入状况：

□1000 元以下　□1001～2000 元　□2001～3000 元□3001～4000 元
□4001～5000 元　□5001 元以上

(9)您的受教育程度：□高中以下　□大专　□大学　□硕士及以上

(10)您旅游的组织：□单位组织　□旅行社组织　□团队旅游　□个人旅游
□出门办事顺便旅游

(11)您旅游的目的：□摄影　□观光　□度假　□科考　□公务　□民俗
□转山　□奖励　□其他

(12)您通过何种方式到达德钦：
□自驾车　□旅行社　□长途车　□单位接待　□自行车　□包车

(13)您在德钦将要停留几天：
□1 天以内　□2～3 天　□4～5 天　□5～6 天　□6～7 天　□8～9 天
□10 天以上

(14)您是第几次来德钦旅游？
□第一次　□第二次　□第三次　□四次以上

(15)来德钦旅游之前，您主要通过什么途径了解有关德钦旅游的情况？
□电视/广播　□书籍/杂志　□旅行社/宣传手册　□网络　□亲朋好友介绍
□其他

(16)请问您是如何决定来德钦旅游的？
□旅行社推荐　□由媒体得知　□亲友介绍　□网站或者旅游论坛　□其他

(17)您此行的花费大概在以下哪个范围内？
□500 元以下　□500～1000 元　□1001～2000 元　□2001～3000 元
□3001～4000 元　□4001～5000 元　□5000 元以上

（18）您的整个行程是：

①常住地——飞机——昆明——火车——大理——汽车——丽江——汽车——迪庆；

②常住地——飞机——昆明——汽车——大理——汽车——丽江——汽车——迪庆；

③常住地——火车——昆明——火车——大理——汽车——丽江——汽车——迪庆；

④常住地——火车——昆明——汽车——大理——汽车——丽江——汽车——迪庆；

⑤常住地——飞机——迪庆

(19)您在德钦的活动安排？（访谈）

(20)请您在德钦旅游期间到过的景区景点前打"√"（可多选）
□雾浓顶观梅里十三峰　□飞来寺朝拜梅里雪山　□明永冰川　□雨崩神瀑
□雨崩冰湖大本营　□白马雪山观光　□访问梅里村寨　□其他

(21)请您选择您印象深刻的景区和景点,请打"√"(可多选)

□雾浓顶观梅里十三峰　□飞来寺朝拜梅里雪山　□明永冰川　□雨崩神瀑

□雨崩冰湖大本营　□访问梅里村寨　□白马雪山观光　□其他

(22)您印象最深刻的旅游活动,请打"√"(可多选)

□景观观光　□景观摄影　□藏民家访　□生态徒步　□骑马观光

□峡谷探险　□神山朝拜　□歌舞展演　□特色购物　□特色餐饮

□其他

(23)您走访过哪些梅里村寨,请打"√"(可多选)

□没有走访过　□思农　□明永　□布村　□西当　□荣宗　□尼农村

□雨崩　□扎朗　□红坡

(24)您在德钦旅游期间感到最为不适的是:请打"√"(可多选)

□高山反应　□饮食不适应　□住宿条件差　□气候不适应

(25)您在德钦期间住宿在:请打"√"(可多选)

□酒店　□客栈　□家庭旅馆　□自带户外装备　□住当地居民家

(26)您心中理想的国家公园:请打"√"(可多选)

□保留原始的自然风光　□修建方便游客的设施(索道)等

□增加人工景点丰富娱乐内容　□完善的餐饮住宿购物服务

□开展丰富多彩的主题活动　□开发周围的配套景点

□提供地理、植物、历史等科学知识教育

(27)您希望国家公园内应提供:请打"√"(可多选)

□可获取针对梅里的宣传材料　□沿途有警示牌和巡逻人员

□沿固定的路线游玩

□与旅游代理商（如旅行社）签订协议,使其对其组团的游客行为进行管理

□游览前可获得工作人员的讲解或观看到有关景区的录像

□要求有导游陪同　　　　　　　　□景区内实施游客人数最高限额管理

■以下题目只能选一个,请打"√"

(28)您在梅里景区内旅游希望的交通方式是:

□乘车　□索道　□骑马　□栈道　□其他

(29)总体满意度评价,请在您同意的选项上面打"√"

序号	您在德钦旅游的总体感受如何?	非常同意	同意	不知道	反对	强烈反对
1	风光壮丽	□	□	□	□	□
2	环境优美	□	□	□	□	□
3	生态完整	□	□	□	□	□
4	当地居民热情好客	□	□	□	□	□
5	当地民族文化奇异多彩	□	□	□	□	□

序号	您在德钦旅游的总体感受如何？	非常同意	同意	不知道	反对	强烈反对
6	服务周到	□	□	□	□	□
7	旅游商品丰富独特	□	□	□	□	□

	您觉得德钦旅游最欠缺的环节是？	非常同意	同意	不知道	反对	强烈反对
8	住宿设施落后	□	□	□	□	□
9	旅游服务水平低下	□	□	□	□	□
10	饮食不习惯	□	□	□	□	□
11	语言沟通困难	□	□	□	□	□
12	旅游交通条件差	□	□	□	□	□
13	景区垃圾多，脏乱差	□	□	□	□	□
14	景区标牌系统落后	□	□	□	□	□
15	导游水平低	□	□	□	□	□
16	景区管理差	□	□	□	□	□
17	旅游费用高	□	□	□	□	□
18	旅游商品缺乏特色	□	□	□	□	□
19	游客太多，拥挤不堪	□	□	□	□	□
20	景区管理太差	□	□	□	□	□
21	当地老百姓太贫困	□	□	□	□	□
22	这里太落后，要修高速公路	□	□	□	□	□
23	旅游太艰苦，要修索道	□	□	□	□	□

	您在德钦旅游期间的地方性知识获得	非常多	多	有一点	基本不了解	完全没有了解
24	学习到了许多地质地理知识	□	□	□	□	□
25	学习到了许多植物植被知识	□	□	□	□	□
26	学习到了许多动物知识	□	□	□	□	□
27	学习到了许多环境保护知识	□	□	□	□	□
28	学习到了许多生态保护方面的知识	□	□	□	□	□
39	学习到了许多野外生存、活动知识	□	□	□	□	□
30	了解到了许多藏民族的历史知识	□	□	□	□	□
31	了解到了当地藏族的生活和习俗	□	□	□	□	□
32	了解到了神山崇拜方面的知识	□	□	□	□	□

■以下题目只能选择一个，请打"√"

(30)您认为德钦旅游价格如何?

□非常高完全不能接受　　□较高能接受　　□适中　　□较低愿意接受

□非常低轻松接受

(31)您对德钦民俗村寨旅游的看法:

□我毫无兴趣不想去任何的少数民族村寨

□我毫无兴趣，但是旅行社安排去了少数民族村寨

□我有兴趣，但是没有机会到过任何的民族村寨

□我有兴趣，主动走访过民族村寨

□我到德钦旅游就是走访民族村寨

(32)您觉得德钦梅里雪山地区的民族村寨旅游:

□条件差，设施落后，很失望

□保存很完好，很真实，体验很好

□严重受到外界影响，和其他地方的民族村寨没有什么两样

(33)本次出游所花费的金钱、时间、精力与您所得到的旅游体验相比，您觉得:

□很不值　□不值　□一般　□值　□很值

(34)请问您会在有可能的情况下重游德钦吗?　　　　□会　　□不会

(35)您会将德钦作为旅游地推荐给其他人吗?　　　□会　　　□不会

再次感谢您的配合!

附录4 不同国家和地区国家公园分区模式介绍与对比

1.不同国家和地区国家公园分区模式简介

1)美国国家公园分区模式

国家公园分区的起源、发展以及相关理论研究几乎都源自于美国科学家的努力。根据美国国家公园管理局的相关说明，公园的管理目标、园区内自然和人文资源状况以及过去、现在和未来可能出现的使用方式都是公园分区需要考虑的主要因素(NPS, 1988)。为了统一管理，美国国家公园管理局给出了一个具有普遍性的分区体系，以此为基础，每个公园可根据各自的实际情况对该分区方式进行适当调整。美国国家公园管理局将国家公园分成五个基本区和一些亚区(subzone)。基本区包括原始自然保护区(primitive natural zone)、自然资源区(natural zone)、人文资源区(cultural zone)、公园发展区(park development zone)和特殊使用区(special use zone)。亚区指的是基本区之内一些需要特别管理的较小区域，每一个基本区都可以包括许多亚区(NPS, 1988)，例如，原始自然保护区又可以包含旷野亚区、环境保护亚区、特殊自然景观亚区、研究自然亚区、实验研究亚区；人文资源区也可分为保存亚区、保存与适度使用亚区、纪念亚区等(曾沛晴，2002)。美国国家公园管理局对五个基本分区的具体界定如下。

(1)原始自然保护区。

原始自然保护区指的是国家公园内基本无人类扰动的区域，实施严格保护，无设施和人车的进入。

(2)自然资源区。

公园内需要重点保护的陆地和水域，具有重要的自然资源和生态过程。管理目标：保护自然资源和原有生态过程，允许公众进入，但不允许进行那些对资源或生态过程有破坏的行为和活动。该区内设有简单的游憩设施，包括小径、路标、原始的掩蔽处、气象研究站等。

(3)人文资源区。

指的是那些以保护和解说人文资源、历史建筑为主要管理目标的区域，该区域对公众开放。

(4)公园发展区。

公园发展区是一个为管理者和游客提供服务的区域。通常面积较小，设施密集。对于需要新建发展区的公园而言，在进行区域的选址时需要十分全面地给予考虑，最理想的情况是将发展区建立在园区范围之外，在没有可替代开发地的情况下再选择在园区内建立发展区。

(5)特殊使用区。

开展一些特殊使用活动的区域，如商业用地、探采矿用地、工业用地、畜牧用地、农业用地、水库用地等。

在各个区域面积的分配上，原始自然保护区面积相对较小，而自然资源区和人文资源区面积最大，公园发展区面积很小。附表 4-1 是美国恶地国家公园功能分区表。

附表 4-1   美国恶地国家公园的功能分区

分区	面积/hm²	占公园总面积的比例
原始自然保护区	5758	5.1%
自然资源区/人文资源区	113587	94%
公园发展区	1311	0.9%
特殊利用区	0	0%

资料来源：NPS. General Management Plan / Environmental Impact Statement of BADLANDS NATIONAL PARK / NORTH UNIT [R]. U.S.: Department of the Interior,2006.

2)加拿大国家公园的分区模式

在处理国家公园保护和利用的关系方面，加拿大公园管理局积累了大量成功经验，其中 1994 年颁布的国家公园分区体系成为当今世界各国国家公园分区时参照的重要依据。1994 年，加拿大公园管理局颁布《加拿大公园指南及操作方法条例》(Parks Canada Guiding Principles and Operational Policies)，其中的第二部分——"行动策略(activities policy)"特别强调了国家公园分区的重要性，强调分区是保护区管理规划中的关键部分，并提出了建议性的分区框架。加拿大的国家公园政策明确指出国家公园的分区应该包括 5 个区域(详见附表 4 -2)。

(1)第 I 区——特别保护区(special preservation zone)。

特别保护区指的是那些具有独特、濒危自然或文化特征，或是那些能够代表其所属自然区域特征的最好样本区域。保护是这类区域考虑的关键。由于环境脆弱，该区禁止机动交通工具的出入，同时也不允许任何公众的进入，因此需要尽最大努力为公园参观者提供适当的远离现场的参观计划和展览来解说这一地区的特别特征。

(2)第 II 区——荒野区(wilderness zone)。

指的是那些能够很好地代表一个自然区域并且保留荒野状态的广大地区。划定时考虑的关键因子是生态系统只有最少人类干扰。第 I 区和第 II 区共同构成国家公园的主体区域，并且对保护生态系统的完整性贡献最大。第 II 区可以通过户外游憩活动为游人提供亲身体验公园自然和文化遗产价值的机会，但这种游憩活动必须基于公园生态系统并在其承载能力范围之内，且几乎不需要任何服务与设施。在那些面积足够大的区域，游人还可以体验到遥远与孤独，户外游憩活动只有在不破坏荒野本身的前提下开展。

(3)第 III 区——自然环境区(natural environment zone)。

指的是那些主要作为自然环境进行管理的区域，这些区域可通过开展那些需要最少量原始自然服务与设施的户外游憩活动，为游人提供亲身体验国家公园自然和文化遗产价值的机会。机动交通工具可以进入，但必须得到控制。最好利用公共交通服务设施，公园管理计划中可以制定有关禁止或限制私人机动交通工具出入的条款。

(4)第 IV 区——户外游憩区(recreation zone)。

户外游憩区是一个能为人们提供广泛机会去了解、鉴赏和享用公园遗产价值及其有关基本服务与服务设施的区域。当然这些活动方式的选择应以对公园生态系统造成最低程度的影响为原则。这一区域允许机动交通工具的直接出入，公园管理计划可以规定有关限制私人机动交通工具出入的条款。

(5)第 V 区——公园服务区(park services zone)。

国家公园内现有游人服务与设施集中的社区。专门的活动、服务及服务设施的提供在这一区内要得到规定，并要受社区规划的指导。公园的主要行政管理机构也可设于该区。

附表 4-2　加拿大国家公园分区系统

分区类型	区域特征	划分依据	管理政策	
			资源保护	公众机会
I 区：特别保护区	具有独特、濒危自然或文化特征，或是那些能够代表其所属自然区域特征的最好样本区域	区域的范围和缓冲地带的划分需考虑特定特征	严格的资源保护	通常而言，公众没有进入的机会。只有经严格控制下允许的非机动交通工具的进入。因此需要尽最大努力为公园参观者提供适当的远离现场的参观计划和展览来解说这一地区的特别特征
II 区：荒野区	能够很好地代表一个自然区域并且保留荒野状态的广大地区。第 I 区和第 II 区共同构成所有最小国家公园的区域主体，并且对保护生态系统的完整性贡献最大	区域的范围和缓冲带的划定需考虑该地域自然及历史的主题，一般不要少于2000hm²	对自然环境进行定向保护	允许非机动交通工具的进入，允许对资源保护有利的少量分散的体验性活动。允许原始的露营，以及简易的、带有电力设备的住宿设施
III 区：自然	依然维持着自然环境	提供户外游憩	对自然环境	允许非机动交通以及严格控制

续表

分区类型	区域特征	划分依据	管理政策	
			资源保护	公众机会
环境区	并允许少量低密度的户外活动及少量相关设施的区域	机会，也要求具有缓冲带	进行定向保护	下的少量机动交通的进入。允许低密度的游憩活动和小体量的、与周边环境协调的供游客和操作者使用的住宿设施，以及半原始的露营(semi-primitivelevel)
IV区：户外娱乐区	进行户外教育，提供户外游憩活动机会的区域，允许存在相关设施，但需以尊重自然环境以及安全、便利等条件为前提	考虑提供户外游憩以及设施所需的范围，并尽量降低对环境的影响	减少活动和设施对自然景观的负面影响	户外游憩体验的集中区，允许有设施和少量对大自然景观的改变。可使用基本服务类别的露营设备以及小型分散的住宿设施
V区：公园服务区	游客服务与设施集中的区域，公园的管理机构也设于此	需要考虑服务和设施所需的范围，以及对环境的影响	这一区域内需强调公园服务设施和游憩价值，实现游客服务和园区管理的功能	允许机动交通工具进入。设有游客服务中心和园区管理机构。根据游憩机会安排服务设施

资料来源：Eagles P F J, McCool S F, Haynes C D. 保护区可持续旅游——规划与管理指南[M]. 王智，刘祥海，译. 北京：中国环境科学出版社，2005.

　　在各个区域面积的分配上，通常绝对保护区的面积相对较小，而荒野区的面积最大，二者共同构成整个国家公园的主体，这样的区域划分方式应该对满足游客游憩体验需求是相当有利的附表 4-3。

附表 4-3　　加拿大贾帕斯国家公园功能分区

分区类型	占总面积比例	区域特征
I区：特别保护区	不到1%	保护古代森林、马利涅喀斯特地貌和德沃纳考古风景区，采用严格限制或禁止的措施
II区：荒野区	98%	保持原始状态，允许少量简单设施的旅游活动
III区：自然环境区	不到1%	设有一些休息点，配备最低限度的设施
IV区：游览观光区	不到1%	可以开展环境教育活动，有相关设施，允许汽车进入
V区：公园服务区	不到1%	村庄和服务网点构成，提供各种服务

资料来源：引自钟林生等著的《生态旅游规划原理与方法》：221-222.

　　3) 日本国立公园分区模式

　　昭和 6 年(1931 年)日本制订《国立公园法》，创制了国家公园，至昭和 32 年(1957 年)颁布《自然公园法》取代《国立公园法》并成立自然公园系统(则久雅司，2000)。《自然公园法》把日本全国自然风景区分为以下三个公园单元。

　　第一级为"国立公园"，相当于美国及世界性的国家公园，由环境厅长官指定，并由中央管理。

第二级为"国定公园"，系略次于国立公园的自然风景地区，由环境厅长官依都道府县之申请而加以指定，但由都道府县管理。

第三级为"都道府县立自然公园"，次于国定公园，代表该都道府县特性的自然风景地区，由都道府县指定，并自行管理。

其中与国际"国家公园"标准等级最相近的则是"国立公园"（徐国士等，1997）。受国情所限，日本国立公园的分区模式同时注重私有权的维护与公有地的保育维护。为了保护自然，也为了合理的经济开发，日本将国立公园区域按各地区的自然景观及生态环境等因素，依其重要性和稀有性划分为下列三种地区（游登良，1994）。

（1）特别保护地区。

为保护公园内特殊自然的地形地质景观、自然现象、珍贵稀有动植物，或为保护特有的古迹，依国家公园计划，将该区域划为特别保护区。此种地区大多是原始林、瀑布、山峰、湿地原、草原、沼泽、火山熔岩、历史古迹或寺庙等。日本国家公园中划为特别保护地区的面积约占国家公园面积的12%，特别保护区为公园内的精华，在此区内的各种行为均应经"许可"。

（2）特别地区。

特别地区的保护管制不如特别保护地区严格，但为国家公园中占据面积最大的分区，按照实际需要划分为三种地域，并予以不同程度的保护。特别地区内的一些行为，有些则需依上述特别保护地区的规定需先经环境厅长官允许才能开展，有些如枯枝落叶的采取，则不需先经许可，但在特别地区内有意种植竹木或放牧家畜，应预先呈报都道府县知事。

（3）普通地区。

普通地区大多是已开发的土地，已具商业规模，也有较多的住家或聚落，在普通地区范围内的行为并非毫无限制，有些重大开发行为仍预先呈报都道府县知事，如建筑物的新建、改建、增建，其规模超过总理府所定的标准，但普通地区建筑物不超过13m及建筑面积不超过1000m²，则不需呈报。

由附表4-4可知，国立公园的特别保护区及特别地域面积合计占国立公园总面积的70.6%，符合国际国家公园设置的基本目标——保护自然资源。

附表4-4　日本国立公园分区面积统计表

种别	国立公园	国定公园	都道府县自然公园	统计
公园数/个	28	55	301	384
公园面积/hm²	2052359	1332370	1943051	5327780
公园面积/国土面积/%	5.35	3.29	5.33	14.09

续表

种别		国立公园	国定公园	都道府县自然公园	统计
分	特别区域/hm² 特别保护区/hm²	243439	964457	—	307896
	比率/%	12.0	5.0	—	5.8
		1428697	1202005	620841	3251543
	比率/%	70.6	93.3	30.9	
	普通用地/hm²	595227	85929	1391041	2072197
	比率/%	29.4	6.7	69.1	38.9

资料来源：九洲地区自然保护事务所.九洲的国家公园野生动物[J].环境厅自然保护局，日本，2000.

4)韩国国立公园分区模式

2002 年修订的《自然公园法》规定，国立公园需划分为四个区域(韩相壹，2003；Yoo，1996)，其特征与允许的行为见附表 4-5。

附表 4-5　韩国国立公园分区统计表

功能区名称		特征		允许的行为
自然保存地区(21.3%)		有必要给予特殊保护的,具有生物多样性的区域；或是具有原始的自然生态系统,保护价值极高的野生动植物栖息地；或是景色秀美的地方		学术研究或是自然环境保护上认为必要的行为最基本的公园设施的建设及相关工作；军事设施、通信设施、航标设施、水源保护设施等，非此地设置不可的最基本的设施；通过管辖道指使，由文化观光部部长推荐的寺院的复原工作和寺院境内的佛事设施及其附带设施的建设
自然环境区(77.7%)		作为自然保存区的缓冲空间,除自然保护区、居住区、社区外的一般公园区		自然保护区内允许的行为；不改变土地状况的一次产业行为, 草地组成的行为；建设非密集公园设施及工作；造林、育林、砍伐和其他国防上、国民经济上、公益上必要的最基本的行为及设施的建设；作为公园指定前的基础建筑，和自然景观相和谐，符合行政自治区规定规模的增建、改建、再建及附带设施的建设
居住区(0.8%)	自然居住区	居住密度较低,可维持居民居住生活的区域		自然保护区和自然环境地区内允许的行为；居住用建筑,居住生活中必要设施的建设及营造居民生活环境的行为；实现居住区域本身功能所必要的各种设施及行为；不污染环境的家庭工业(作坊)；行政自治区所规定的具有一定规模的医院、药店、理容院、美容院、便利店等设施的建设
	密集居住区	居住密度较高,可履行社区生活的主要功能,也是维持居民日常生活所必要的区域		
服务设施区(0.2%)		为游客提供便利,达到保护和管理的目的,将多种公	公共设施区：公园管理处、咨询处、邮局、警察局、乡村会馆、图书馆等公共设施集聚区	建设适宜旅游、休养的公园设施及附带设施的行为

续表

功能区名称	特征		允许的行为
	园设施聚集在一起或安排在一个适当的区域	商业区：纪念品、旅游用品销售地，饭店等聚集地	
		住宿区：宾馆、旅店聚集地	
		绿地：服务设施聚集区内为保护生态平衡而特别划出的区域	
		其他：除以上的其他设施区	
公园保护区	保护国立公园必要的区域：如公园外入口，街道周边的特定区域		

资料来源：韩相壹.韩国国立公园与中国国家重点风景名胜区的对比研究[D].北京，北京大学，2003.

5)（中国）台湾地区分区模式

"公园分区计划"是台湾公园管理规划中很重要的一部分内容，是帮助公园实现经营管理多目标（保育、研究、教育、游憩）的重要工具。根据台湾《公园法》第12条规定，公园得按区域内现有土地利用形态及资源特性，划分不同管理分区，以不同措施实现保护与利用的功能。台湾公园分为如下五区。

（1）生态保护区。

系指为供研究生态而严格保护的天然生物、社会及其生育环境地区。生态保护区是针对那些未受人为干扰和破坏，具有代表性的生态系统及其依存的环境而划定的保护区域，是园区的核心区域，具有维持生态系统稳定、保持生物多样性的重要作用，受到严格管制，仅供有限的学术研究。

（2）景观特别区。

系指无法以人力再造的特殊天然景致，而严格限制开发行为的地区，台湾地区国家公园的特别景观区的景观可概括为三大类型：地理景观类、自然生态景观类、园林生态景观类。

（3）史迹保存区。

系指为保存重要史前遗迹、史后文化遗址及有价值的历代古迹而划定的地区，如垦丁史前遗址、南仁山石板屋、八通关古道遗迹等，历史内涵十分丰富。

（4）游憩区。

系指适合各种野外娱乐活动，并准许兴建适当娱乐设施及有限度资源利用行为的地区。各园区根据自身的资源特点和分布状况，将严格管制区以外的部分区域适度向游客开放，并建立一套完整的旅游服务设施和管理方法。游憩区划的原则如下。

具有天赋娱乐资源，景观优美可供游憩活动，土地平坦地区。

能提供全区性服务的适当地点，并具有交通可及性和水源充裕，眺望、避风状况良好自然条件。

目前已供游憩活动使用，或配合特殊游憩活动所需的地域，且经过整体环境评估，可避免影响周围环境与资源。

(5)一般管制区。

系指园区内不属于其他任何分区的土地与水面，包括既有小村落，并准许原土地利用形态的地区。

台湾地区公园分区的基本原则是对于不同分区制定不同的经营管理目标，实施经营管理策略，对各类资源实施不同程度的保护。例如，生态保护区和特别景观区的首要目标是保育；一般管制区则可视为园区与边界环境间的缓冲区。在《国家公园法》第 13 条第 22 款中对不同的分区，提出制定不同的管制标准，如在生态保护区内，禁止采集标本、使用农药及兴建一切人工设施；欲进入保护区者，需经公园管理处的许可等，如附表 4-6 所示。

附表 4-6　我国台湾地区公园分区土地面积比例关系

	生态保育区	特别景观区	史迹保存区	游憩区	一般管制区	合计
墾丁公园						
总面积/hm²	6218.68	1654.45	15.15	297.26	9897.96	18083.00
占公园总面积的百分比	34.39%	9.15%	0.08%	1.64%	54.74%	100.00%
玉山公园						
总面积/hm²	64108.90	3491.80	346.80	412.60	37129.90	105490.00
占公园总面积的百分比	60.77%	3.31%	0.33%	0.39%	35.20%	100.00%
阳明山公园						
总面积/hm²	1322.01	4067.61	0.00	220.71	5755.17	11365.50
占公园总面积的百分比	11.63%	35.79%	0.00%	1.94%	50.64%	100.00%
太鲁阁公园						
总面积/hm²	63790.00	21690.00	40.00	280.00	6200.00	92000.00
占公园总面积的百分比	69.34%	23.58%	0.04%	0.30%	6.74%	100.00%
雪霸公园						
总面积/hm²	51640.00	1850.00	0.00	69.00	23291.00	76850.00
占公园总面积的百分比	67.20%	2.41%	0.00%	0.09%	30.31%	100.00%
金门公园						
总面积/hm²	0.00	1635.90	0.30	192.80	1951.00	3780.00
占公园总面积的百分比	0.00%	43.28%	0.01%	5.10%	51.61%	100.00%
各区总面积/hm²	187079.59	34389.76	402.25	1472.37	84225.03	307568.50
平均所占的比例	61%	11%	0.13%	0.48%	27%	100%

资料来源：林永发.雪霸国家公园武陵地区永续经营之研究[D].新竹:中华大学,2005.

2.对比分析

1)分区形式对比

美国和加拿大的国家公园是典型的、具有 IUCN 第二类保护地特征的国家公园,其国家公园往往是承担自然保护区功能的大型保护地(黄丽玲,2007)。因而,其公园分区包括了从完全禁止人类活动的严格保护区到允许公众大量进入和利用的公园服务区一个完整的分区系列。与美国和加拿大不同,日本、韩国的国家公园事实上更接近于 IUCN 第五类保护地"自然和人文景观保护地"的相关界定,这一类型保护地最大的特点就是公园存在明显的人类活动痕迹,并可能还有大量社区居民居住在公园内,公园内难以找到完全未受人类干扰的自然区域。因此,日本、韩国的国家公园中不但没有设立完全禁止公众进入的核心保护区,而且由于公园内社区较多,公园通常还会为社区设有专门的居住区。我国台湾地区的国家公园分区模式基本沿用美国国家公园的分区模式,但也结合实际情况进行了一定的灵活调整,增设维持社区传统土地利用形态的一般管制区。

2)分区面积配比对比

虽然具体称谓有所不同,但美国、加拿大两国国家公园分区有如下一些共同点:其一,公园主体由保护等级最高的原始自然保护区(美国)、特别保护区(加拿大)和保护等级较高的自然和文化资源保护区(美国)和荒野区(加拿大)构成,二者相加通常会占公园总面积的 95%以上,以确保公园资源保护目标的实现;其二,与只考虑单一保护目的的自然保护区不同,公园内受到严格保护禁止公众进入的核心区[原始自然保护区(美国)、特别保护区(加拿大)]面积通常较小,而允许公众少量进入和利用的重点保护区面积较大,以兼顾公园的另外一个主要目标——公众游憩。例如,加拿大的国家公园中禁止人类进入的特别保护区的面积通常不会超过公园总面积的 5%,而允许低利用的荒野区面积却非常大,通常会占总面积的 90%以上,美国的情况也是基本如此。日本、韩国和中国台湾地区园区中不设禁止人类活动的严格保护区,其需要重点保护的分区面积一般在公园总面积的 20%以下,如附表 4-7 所示。

附表 4-7　各国各功能区面积占总面积的平均比例表

国家	不同功能区占总面积的平均比例			
	严格保护区	重要保护区	限制性利用地	利用区
加拿大	特别保护区 3.25%	荒野区 94.1%	自然环境区 2.16%	户外娱乐区　0.48% 公园服务区　0.09%
美国	原始自然保护区　5%	自然环境区/人文资源区　94%		公园发展区/特别利用区 1%
日本	特别保护地区　13% 特别地区(I 类)11.3%	特别地区(II 类)24.7% 特别地区(III 类)22.1%		普通地区 28.9%

续表

国家	不同功能区占总面积的平均比例			
	严格保护区	重要保护区	限制性利用地	利用区
韩国	无	自然保存区 21.6% 自然环境区 76.2%		居住地区 1.3% 公园服务区 0.2%
中国(台湾地区)	无	生态保育区 61% 景观特别区 11% 史迹保存区 0.13% 游憩区 0.48%		一般管制区 27%

资料来源：根据"各公园管理组织和任务的比较(2000 年 9 月)"整理。国立公园百科全书，2001：52.(转引自：韩相壹.韩国国立公园与中国国家重点风景名胜区的对比研究[D]北京：北京大学，2003.)